Shady Karim Sourour
Noha Mousaad Elemam
Ahmed Ihab Abdelaziz

microRNA-27a* e células assassinas naturais no lúpus eritematoso sistémico

Shady Karim Sourour
Noha Mousaad Elemam
Ahmed Ihab Abdelaziz

microRNA-27a* e células assassinas naturais no lúpus eritematoso sistémico

ScienciaScripts

Imprint

Cover image: www.ingimage.com

This book is a translation from the original published under ISBN 978-620-2-01401-4.

Publisher:
Sciencia Scripts
is a trademark of
Dodo Books Indian Ocean Ltd. and OmniScriptum S.R.L publishing group

120 High Road, East Finchley, London, N2 9ED, United Kingdom
Str. Armeneasca 28/1, office 1, Chisinau MD-2012, Republic of Moldova, Europe
Printed at: see last page
ISBN: 978-620-7-68241-6

Índice

Resumo

O lúpus eritematoso sistémico é uma doença crónica caracterizada pela produção de anticorpos patogénicos que atacam os auto-antigénios e resultam numa variedade de manifestações clínicas. Embora a contribuição exacta das células NK na patogénese do LES seja ainda inconclusiva, é inegável que a atividade destes linfócitos está diminuída nos doentes com LES, como demonstrado por muitos estudos. Um dos principais receptores envolvidos na ativação das células NK é o NKG2D. Os microRNAs são moléculas endógenas de RNA não-codificante que desempenham um papel importante na regulação da expressão genética através de mecanismos pós-transcricionais. O objetivo deste estudo foi investigar a capacidade do miR-27a* para regular a expressão de NKG2D nas PBMCs e, pela primeira vez, nas células PBNK de doentes com LES. Para tal, as PBMC foram separadas das amostras de sangue periférico de doentes com LES e de controlos utilizando a técnica de separação ficoll. Subsequentemente, as células PBNK foram isoladas a partir de PBMCs utilizando a triagem de células assistida por magnetismo. A transfecção das células foi efectuada utilizando o reagente de transfecção HiPerfect. A expressão de miR-27a*, NKG2D e ULBP2 foi analisada por qPCR. Os resultados deste estudo mostraram que o miR-27a* está sobreexpresso nas PBMCs e nas células PBNK de doentes com LES em comparação com os controlos. As experiências de ganho de função do miR-27a* revelaram que forçar a expressão do miR-27a* em PBMCs e células PBNK restaura a expressão de NKG2D em doentes com LES. Para além disso, verificou-se que o ligando de NKG2D, ULBP2, estava desregulado nos PBMCs de doentes com LES. Em conclusão, considera-se que as anomalias observadas na expressão da tríade miR-27a*, bem como de NKG2D e ULBP2, são importantes para decifrar a caraterística de citotoxicidade reduzida das células NK em doentes com LES. Além disso, a capacidade dos mímicos do miR-27a* para corrigir a expressão de NKG2D pode fornecer uma nova base para intervenções terapêuticas dirigidas às células NK em doentes com LES.

Lista de abreviaturas

ACR American College of Rheumatology
AICD Activation-induced cell death
Ago Argonaute
AP-I Activator protein I
APC Antigen-presenting cell
AZA Azathioprine
BIC B-cell integration cluster
CD40LG CD40 ligand
cDNA Complementary DNA
CREB cAMP response element-binding protein
C_t Cycle threshold
CTLA-4 Cytotoxic T-lymphocyte antigen-4
DC Dendritic cell
DGCR-8 DiGeorge Critical Region 8
DILE Drug-induced lupus erythematosus
dsDNA Double stranded DNA
EAE Experimental autoimmune encephalomyelitis
EBV Epstein-Barr Virus
ERK Extracellular signal-regulated kinase
FasL Fas ligand
FBS Fetal bovine serum
FDC Follicular dendritic cell
FOXP3 Forkhead box p3
GC Glucocorticoid
Grb2 Growth factor receptor bound protein 2
Gzm Granzyme
HCQ Hydroxychloroquine
hCMV Human cytomegalovirus
Hdm2 Human double minute 2
IFN-I Interferon type I
IgG Immunoglobulin G
IRF Interferon regulatory factor

IRAK	Interleukin-1 receptor associated kinase
ISG	Interferon-stimulated genes
KIR	Killer immunoglobulin-like receptor
KLF	Kruppel-like factor
LFA-1	Lymphocyte function-associated antigen 1
MACS	Magnetic assisted cell sorting
MHC	Major histocompatibility
MIC	MHC class I related-chain
miR	microRNA
MMF	Mycophenolate mofetil
MRE	MicroRNA recognition element
NF-AT	Nuclear factor of activated T cell
NF-κB	Nuclear factor Kappa-light-chain-enhancer of activated B cells
NK	Natural killer
NKG2D	Natural killer group 2 member D
NKG2DL	NKG2D ligand
PBMC	Peripheral blood mononuclear cell
PBNK	Peripheral blood natural killer cell
PCAF	P300/CBP associated factor
PCR	Polymerase chain reaction
pDC	Plasmacytoid dendritic cell
PDCD4	Programmed cell death protein 4
pre-miRNA	Precursor-microRNA
Prf	Perforin
pri-miRNA	Primary-microRNA
RAET1	Retinoic acid early transcript 1
RANTES	Regulated on activation normal T cell expressed and secreted
RasGRP1	Ras guanyl-releasing protein 1
RISC	RNA-induced silencing complex
RT-PCR	Real time PCR
SAP	signaling lymphocytic activation molecule-associated protein
SLE	Systemic lupus erythematosus
SLEDAI	SLE disease activity index

Sp1	Specificity protein 1
STAT	Signal transducer and activator of transcription
SYK	Spleen tyrosine kinase
TCR	T-cell receptor
TLR	Toll-like receptor
TGF-β	Transforming-growth factor- β
TNF-α	Tumor necrosis factor -α
TRAF	TNF receptor-associated factor
TRAIL	TNF-related apoptosis inducing ligand
ULBP	UL-16 binding protein
UTR	Untranslated region

1 Introdução

1.1 Lúpus eritematoso sistémico

1.1.1 Incidência, prevalência e rácio de género

O lúpus eritematoso sistémico (LES) é uma doença autoimune crónica caracterizada pela produção aberrante de anticorpos dirigidos a auto-antigénios. Tal como o seu nome indica, a doença afecta múltiplos sistemas de órgãos, conduzindo a uma pletora de manifestações clínicas que variam de um doente para outro.[1]

A nível mundial, a taxa de incidência anual de LES na população total varia entre 1 e 10 por 100 000 indivíduos e a sua taxa de prevalência varia normalmente entre 20 e 70 por 100 000 indivíduos.[2] Em crianças (<16 anos), a taxa de incidência de LES é menor em comparação com os adultos, onde atinge menos de 1 por 100.000 anualmente.[3] Estima-se que o rácio entre mulheres e homens no LES pediátrico seja de 4:3 na primeira década de vida, aumente até 4:1 na segunda década, continue a aumentar até atingir 9:1 no LES adulto e depois diminua para 5:1 logo após os 50 anos de idade.[4] Um estudo realizado em 2009 por Salah *et al.* registou um rácio de homens para mulheres de 1:2,7 em crianças egípcias com LES. O mesmo estudo também referiu que a idade média de início do LES nas crianças egípcias é de 10 anos e que o início do LES antes dos 5 anos de idade ocorre em 4,35% das crianças.[5]Entre as mulheres, a prevalência do LES é 2,5 a 3,5 mais elevada nas negras do que nas brancas.[6]

1.1.2 Etiologia do LES

O LES é causado por uma interação entre diferentes factores que conduzem ao aparecimento da doença. Estes factores podem ser classificados em factores ambientais, factores hormonais e sexuais, factores genéticos e factores epigenéticos.

Os factores ambientais mais aceites e estudados para o LES incluem a infeção por vírus, a exposição à radiação UV e a exposição a alguns medicamentos. A sugestão de que os vírus podem contribuir para a expressão do lúpus é apoiada pelas cargas virais mais elevadas do vírus Epstein-Barr (EBV) em doentes com LES, em comparação com indivíduos normais[7]e pelo facto de o antigénio nuclear 1 do EBV ser semelhante ao auto-antigénio Ro 1 comum do lúpus, o que pode levar ao chamado mimetismo molecular.[8]

A exposição à radiação UV também pode desencadear o lúpus, levando à apoptose dos queratinócitos, o que resulta na formação de bolhas. Alguns antigénios como Ro, La, Sm 1 e nucleossomas, que estão normalmente enterrados nos queratinócitos, ficam expostos nas bolhas.[9] A presença de um defeito na remoção de resíduos apoptóticos, para além da presença de auto-anticorpos para estes antigénios, pode assim precipitar uma reação imunitária.[10]

Apesar do facto de 90% dos casos de LES serem idiopáticos, sabe-se que o aumento da exposição a determinados medicamentos pode desencadear o lúpus. Exemplos de tais medicamentos incluem o agente antiarrítmico procainamida e o agente anti-hipertensivo hidralazina. Estes fármacos diminuem o estado de metilação do ADN das células T, levando à sua hiperatividade. A procainamida actua como um inibidor competitivo da DNA metil transferase 1 (DNMT1), levando à hipometilação do DNA genómico.[11] A hidralazina diminui a metilação do ADN através da inibição da sinalização da via da quinase regulada por sinais extracelulares (ERK), levando à diminuição da expressão da DNMT1.[12]

O aumento da prevalência do LES nas mulheres sugere um potencial envolvimento de factores hormonais. Um grande número de homens que sofrem de LES tem níveis mais elevados de estradiol e níveis mais baixos de testosterona em comparação com controlos saudáveis.[13] Por outro lado, verificou-se que o facto de a gravidez exacerbar o LES não se devia ao aumento do estradiol ou da progesterona, uma vez que os níveis destas duas hormonas eram mais baixos no segundo e terceiro trimestres em doentes com lúpus, em comparação com mulheres grávidas saudáveis.[14] No que diz respeito a outros factores relacionados com o sexo, foi recentemente demonstrado num estudo murino que a gravidade do LES era aumentada pela presença de dois cromossomas X.[15] A descoberta anterior anda de mãos dadas com a presença de genes localizados no cromossoma X que estão normalmente associados ao LES, como o ligando CD40 (CD40LG). Este ligando é uma molécula coestimuladora de células B que promove a diferenciação das células B em células plasmáticas e promove a produção de anticorpos.[16, 17] Verificou-se que o CD40LG está sobre-expresso nas células T do lúpus, bem como nas células B.[18]

A presença de factores genéticos que predispõem ao lúpus é apoiada por uma elevada hereditariedade da doença, que atinge mais de 66% [19] e taxas de concordância entre gémeos monozigóticos que são superiores às taxas de concordância entre gémeos dizigóticos.[20] Foram identificados vários genes que aumentam o risco de desenvolver LES, e estima-se que os efeitos combinados causados por muitos desses genes são normalmente necessários para o aparecimento do LES. Em casos raros, a falta de um único gene pode ser suficiente, como por exemplo os genes C1q e C4. A deficiência de C1q leva a um defeito na eliminação de células necróticas,[21] enquanto a deficiência de C4 está ligada a uma eliminação defeituosa de linfócitos B auto-reactivos.[22] Alguns dos loci de suscetibilidade que se verificou estarem associados ao LES estão listados na tabela 1.

Genes	**Localização citogenética**	**Função conhecida**
C2	6p21.32	Eliminação do complexo imunitário

C4	6p21.32	Eliminação do complexo imunitário
C1q	1p36.12	Eliminação do complexo imunitário
FCGR2A	1q23.3	Eliminação do complexo imunitário
FCGR3A	1q23.3	Eliminação do complexo imunitário
FCGR2B	1q23.3	Eliminação do complexo imunitário
FCGR3B	1q23.3	Eliminação do complexo imunitário
PRC	1q32.2	Eliminação do complexo imunitário
PDCD1	2q37.3	Sinalização das células T
PTPN22	1p13.2	Sinalização de TCR e BCR
IRF5	7q32.1	Regulador da produção de IFN de tipo I
TYK2	19p13.2	Regulador da produção de IFN de tipo I
STAT4	2q32.2	Regulador transcricional da sinalização de IFNγ; apoptose
IRAKI	Xq28	Sinalização Toll, IL1R e NFkB
TREX1	3p21.31	Regulador da produção de IFNα
MECP2	Xq28	Regulação da expressão genética através da metilação do ADN
TNFSF4	1q25.1	Sinalização das células T
UBE2L3	22q11.21	Ubiquitinação
ITGAM	16p11.2	Eliminação de complexos imunes; adesão de leucócitos
TNFAIP3	6q23.3	Sinalização de TNFR e NFkB; ubiquitinação
BLK	8p23.1	Ativação de células B
BANCO1	4q24	Ativação de células B; sinalização BCR
TNIP1	2q35	Sinalização NFkB

Tabela 1: Loci de suscetibilidade associados ao LES Modificado from[23]

BANK: B cell scaffold protein with anchyrin repeats, *BLK*: B lymphoid tyrosine kinase, *CRP*: proteína C-reactiva, *FCGR*: recetor Fc gama, *IRAK*: interleukin recetor- associated kinase, *IRF*: interferon regulatory fator, *MECP*: proteína de ligação de metil CpG, *PDCD*: morte celular programada, *PTPN*: proteína tirosina fosfatase, *STAT*: transdutor de sinal e ativador da transcrição, *TNFSF*: superfamília do fator de necrose tumoral, *TYK*: tirosina quinase.

O efeito cumulativo dos loci de suscetibilidade é responsável por apenas 15 a 20% da hereditariedade do LES,[24] é por isso que se acredita que os factores epigenéticos são responsáveis pela hereditariedade em falta nesta doença complexa.[25] Os factores epigenéticos incluem a metilação do ADN, a modificação das histonas e a regulação pós-transcricional da expressão genética por microRNAs. O ADN genómico das células T CD4+ do LES caracteriza-se por ser hipometilado[26]. Pensa-se que isto leva à expressão de genes específicos sensíveis à metilação, fazendo com que as células T se tornem auto-reactivas, desencadeando assim a produção de auto-anticorpos pelas células B.[27] O aumento da expressão de genes sensíveis à metilação no LES não ocorre apenas como resultado da hipometilação do ADN, mas também devido a modificações concomitantes das histonas que aumentam a extensão da cromatina acessível à transcrição ativa.[28] A expressão anormal de microRNAs, o terceiro fator epigenético, também foi associada ao LES, conforme discutido em mais pormenor numa secção posterior.

1.1.3 Apresentação clínica do LES

A apresentação do LES pode consistir em sintomas constitucionais como febre, fadiga, perda de peso e linfadenopatia. As manifestações músculo-esqueléticas estão presentes em 90% dos doentes e incluem artralgia, artrite e tendinite.[1] A dor nas articulações é considerada a principal razão para a apresentação clínica inicial. As manifestações dermatológicas do LES incluem, sobretudo, a erupção cutânea malar, também conhecida como erupção cutânea em borboleta, que consiste num eritema fixo nas bochechas que dura de dias a semanas. As outras duas manifestações dermatológicas são a fotossensibilidade e o lúpus discoide.[29] O lúpus discoide consiste numa erupção cutânea crónica com cicatrizes que pode estar presente em 25% dos doentes com lúpus. A manifestação hematológica predominante é a anemia normocítica normocrómica, que ocorre em 70% dos doentes e reflecte a natureza crónica da doença. A leucopenia também é frequente e normalmente não consiste em granulocitopenia, mas sim em linfopenia, que raramente predispõe os doentes para infecções.[30] O órgão visceral mais frequentemente afetado no LES é o rim e, apesar de apenas 50% dos doentes apresentarem manifestações claras de doença renal, a grande maioria dos doentes tem algum grau de envolvimento renal, como demonstrado por estudos de biopsia.[31] As manifestações neuropsiquiátricas ocorrem em 27% dos doentes e incluem convulsões, psicose e cefaleias crónicas.[32] As manifestações pulmonares e cardiovasculares também são frequentes nos doentes com LES e incluem pleurisia e pericardite. Os enfartes do miocárdio, os acidentes vasculares cerebrais e os ataques isquémicos transitórios também são comuns, especialmente, mas não exclusivamente, em doentes com LES com anticorpos antifosfolípidos.[30]

Os doentes com lúpus eritematoso induzido por fármacos (DILE) apresentam geralmente artralgia e mialgia, que ocorrem em 90% e 50% dos casos, respetivamente. Outros sintomas frequentes são a febre, a pleurisia e a pericardite. As manifestações cutâneas não são muito comuns e as manifestações renais e do SNC não ocorrem na grande maioria dos doentes com DILE. Estes sintomas começam a surgir quatro a vinte semanas após o início da terapêutica, mas alguns casos de DILE demoram anos a surgir.[1] A maioria dos doentes com LES apresenta-se antes de atingir os 16 anos de idade.[3] Os sintomas do LES pediátrico são idênticos aos do LES do adulto, mas há uma maior incidência registada de sintomas renais, hematológicos e neurológicos.[33] Um estudo efectuado em crianças egípcias com LES mostrou que as manifestações constitucionais, músculo-esqueléticas e mucocutâneas eram as mais comuns na altura do diagnóstico. Observou-se que a incidência de outras manifestações aumentou significativamente no período de acompanhamento. Essas manifestações incluíam nefrite, manifestações heamatológicas, fotossensibilidade, artrite, erupção cutânea malar, serosite e manifestações neuropsiquiátricas.[5]

Desde a década de 1970, muitos estudos relataram uma taxa de sobrevivência de mais de 90% em 5 anos para pacientes com LES recém-diagnosticados e uma taxa de sobrevivência de 15 a 20 anos que atinge cerca de 80%. [2]

1.1.4 Critérios de classificação do LES

Devido à heterogeneidade clínica e à natureza multissistémica do LES, os doentes podem apresentar-se de várias formas. Numa tentativa de negar esta heterogeneidade, foram desenvolvidos alguns critérios de classificação. São utilizados sobretudo para manter o mais elevado grau de uniformidade nos doentes com LES recrutados num estudo, mas também podem ser utilizados para confirmar o diagnóstico de LES. [34]. Como se pode ver na tabela 2, os critérios do American College of Rheumatology (ACR) incluem as manifestações mais importantes do LES, nomeadamente mucocutâneas, articulares, serosas, nefrológicas, neurológicas, hematológicas e imunológicas. Dos 11 critérios enumerados, apenas 4 devem ser preenchidos para que o doente seja considerado portador de LES. Os critérios podem ser preenchidos em qualquer altura da história do doente e podem ocorrer em simultâneo ou em sucessão.[35] Estes critérios de classificação demonstraram ser exactos quando utilizados no LES adulto ou pediátrico.[33] Muitas evidências sugerem que as directrizes do ACR não podem ser utilizadas para o diagnóstico do LES porque, quando o doente desenvolve quatro dos onze critérios, a doença já terá provavelmente atingido um estádio mais avançado.[36]

Critério	Definição
1. Erupção cutânea malar	Eritema fixo, plano ou elevado, sobre as eminências malares, tendendo a poupar os sulcos nasolabiais
2. Erupção cutânea discoide	Manchas eritematosas elevadas com descamação queratósica aderente e obstrução folicular: podem ocorrer cicatrizes atróficas em lesões mais antigas
3. Fotossensibilidade	Erupção cutânea resultante de uma reação invulgar à luz solar, segundo a história do doente ou a observação do médico
4. Úlceras orais	Ulceração oral ou nasofaríngea, geralmente indolor, observada por um médico
5. Artrite	Artrite não erosiva envolvendo duas ou mais articulações periféricas, caracterizada por sensibilidade, inchaço ou derrame
6. Serosite	a) Pleurite - antecedentes convincentes de dor pleurítica ou de fricção ouvidos por um médico ou provas de derrame pleural OU b) Pericardite - documentada por ECG, fricção ou evidência de derrame pericárdico
7. Doença renal	a) Proteinúria persistente (> 3+ ou 0,5 g/dia) OU b) Moldes celulares - podem ser glóbulos vermelhos, hemoglobina, granulares, tubulares ou mistos
8. Doença neurológica	a) Convulsões - na ausência de drogas agressoras ou de distúrbios metabólicos conhecidos (por exemplo, uremia, cetoacidose ou desequilíbrio eletrolítico) OU
	b) Psicose - na ausência de drogas agressoras ou de distúrbios metabólicos conhecidos (por exemplo, uremia, cetoacidose ou desequilíbrio eletrolítico)
9. Doenças hematológicas	a) Anemia hemolítica - com reticulocitose OU b) Leucopenia - inferior a $4000/mm^3$ total em duas ou mais ocasiões OU c) Linfopenia - menos de $1500/mm^3$ total em duas ou mais ocasiões OU d) Trombocitopenia - inferior a $100000/mm^3$ na ausência de medicamentos agressores
10. doença imunológica	a) Preparação de células LE positiva OU b)Anti-DNA: anticorpo contra o DNA nativo em título anormal OU c) Anti-Sm: presença de anticorpos contra antigénios nucleares Sm OU

	d) Teste serológico falso-positivo para a sífilis conhecido como positivo há pelo menos seis meses e confirmado por imobilização de Treponema palladium ou teste de absorção de anticorpos treponémicos fluorescentes
11. Anticorpo anti-nuclear	Um título anormal de anticorpo antinuclear por imunofluorescência ou um ensaio equivalente em qualquer altura e na ausência de medicamentos conhecidos por estarem associados à síndrome do "lúpus induzido por medicamentos

Tabela 2: Critérios de classificação ACR[36]

Se quatro ou mais dos onze critérios forem preenchidos, considera-se que o doente tem LES

1.1.5 Atividade da doença

A atividade da doença do LES, que é a extensão dos danos teoricamente reversíveis, tem três padrões distintos: o surto, a doença cronicamente ativa e a quiescência prolongada. Um dos instrumentos de avaliação mais utilizados e mais fáceis de caraterizar a atividade da doença do LES em adultos e crianças é o índice de atividade da doença do LES (SLEDAI). Como mostra a tabela 3, a pontuação do SLEDAI consiste em vinte e quatro manifestações clínicas associadas ao LES. A cada uma delas é atribuída uma pontuação fixa ponderada, se estiver presente, e esta pontuação depende da gravidade da manifestação. A pontuação máxima possível que pode ser atingida se todas as manifestações estiverem presentes é 105.[35] Com base nas pontuações do SLEDAI, a atividade da doença é dividida nas cinco categorias seguintes: sem atividade se o SLEDAI for igual a 0, atividade ligeira se o SLEDAI for igual a 1-5, atividade moderada se o SLEDAI for igual a 6-10, atividade elevada se o SLEDAI for igual a 11-19 e atividade muito elevada se o SLEDAI for igual ou superior a 20. Um aumento do SLEDAI superior a 3 define um surto de LES; uma diminuição do SLEDAI superior a 3 define uma melhoria; um SLEDAI igual a 0 define uma remissão.[37]

Descritor	**SLEDAI Pontuação**	**Descritor**	**SLEDAI Pontuação**
Convulsão	8	Proteinúria	4
Psicose	8	Pyuria	4
Síndrome cerebral orgânica	8	Erupção cutânea	2
Perturbação visual	8	Alopécia	2
Perturbação do nervo craniano	8	Úlceras das mucosas	2

Dor de cabeça do lúpus	8	Pleurisia	2
Acidente vascular cerebral	8	Pericardite	2
Vasculite	8	Complemento baixo	2
Artrite	4	Aumento da ligação ao ADN	2
Miosite	4	Febre	1
Moldes urinários	4	Trombocitopenia	1
Hematúria	4	Leucopénia	1

Quadro 3: O sistema de pontuação do SLEDAI[37]

O descritor é registado se estiver presente no momento do inquérito ou nos dez dias anteriores.

1.1.6 Tratamento do LES

O lúpus sistémico é uma doença incurável, pelo que a terapia consiste num regime de indução a curto prazo para controlar as crises, seguido de um regime de manutenção para suprimir os sintomas até um nível tolerável e evitar lesões nos órgãos. Se a doença não representar uma ameaça para a vida, é utilizada uma terapêutica conservadora. Esta consiste em anti-inflamatórios não esteróides (AINE) para a artrite, acetaminofeno para a dor e antimaláricos como a hidroxicloroquina (HCQ- Plaquenil®) para reduzir a dermatite, a artrite e a fadiga. Um ensaio clínico demonstrou que a HCQ também diminui o número de crises de lúpus. Os doentes que recebem HCQ devem ser submetidos a um exame oftalmológico para excluir qualquer retinopatia que possa ser induzida pelo medicamento.[30]

No caso de LES com risco de vida, a base do tratamento são os glucocorticóides sistémicos (GC).[30] Através de mecanismos genómicos e não genómicos, os GC têm propriedades anti-inflamatórias e imunossupressoras. Os mecanismos genómicos dos GC são mediados pela sua ligação ao recetor intracitosólico de glucocorticóides. Isto leva à translocação do recetor para o núcleo, onde pode ligar-se a alguns factores de transcrição pró-inflamatórios como AP-1, NF-κB, STAT, CREB e NF-AT, levando à inibição da transcrição dos seus genes alvo num processo denominado transrepressão. [38] Os glucorticóides podem também mediar os seus efeitos através de mecanismos não genómicos, interagindo com receptores de glucorticóides ligados à membrana.[38] Os efeitos imunossupressores dos GC podem ser observados nas várias células imunitárias. Por exemplo, a atividade das células dendríticas (DCs) é suprimida pelos GCs porque estes reduzem o MHC de classe II, a expressão de citocinas e as moléculas coestimuladoras. O rolamento, a adesão e a transmigração dos neutrófilos são reduzidos pela administração de GC. Estes últimos também induzem a apoptose em timócitos duplamente positivos e regulam a diferenciação das células Th.

Os GC podem ainda levar a uma redução do número de células B no baço e nos gânglios linfáticos. Apesar dos efeitos benéficos dos GC, a sua utilização a longo prazo conduz a efeitos secundários graves.[39] Tradicionalmente, a dose diária máxima de GC em pediatria é de 2 mg/kg [33] e a dose do GC é reduzida ao longo do tempo para reduzir os efeitos secundários.

A introdução de fármacos imunossupressores citotóxicos para o tratamento das formas graves de LES, para além dos GC, conduziu a uma melhoria notável do prognóstico do LES nos últimos 25 anos.[40] Os imunossupressores utilizados no LES adulto e pediátrico incluem, entre outros, a azatioprina (AZA-Imuran®), o micofenolato de mofetil (MMF- Cellcept®), a ciclofosfamida (Cytoxan®) e o metotrexato. [33]

Foram sugeridas novas intervenções terapêuticas como potencialmente benéficas para os doentes com LES. Estas terapêuticas têm diferentes mecanismos de ação. O Rituximab, o Ocrelizumab e o Epratuzumab são anticorpos monoclonais que se ligam a antigénios específicos (CD20 para o Rituximab[41] e ocrelizumab[42] e CD22 para o Epratuzumab[43]) na superfície das células B, levando à depleção das células B. O belimumab[44] e o atacicept[45] são anticorpos que se ligam a factores solúveis essenciais para a sobrevivência das células B, levando também à depleção destas células. O abatacept é uma proteína recombinante que compreende o domínio extracelular do CTLA-4 humano combinado com a região Fc da IgG humana. Actua como um antagonista do CD28, inibindo assim a co-estimulação das células T. Por último, o tolerogénio sintético Abetimus sodium limita a ligação cruzada dos receptores das células B ao dsDNA. É de salientar que, entre estes novos agentes biológicos, os únicos medicamentos aprovados pela FDA até à data são o Rituximab (Rituxan®) e o Abatacept (Orencia®), que estão aprovados para outras doenças reumáticas, mas não para o LES, e o Belimumab (Benlysta®), que foi recentemente aprovado para o tratamento do LES. A Figura 1 mostra os alvos destes agentes biológicos.[40]

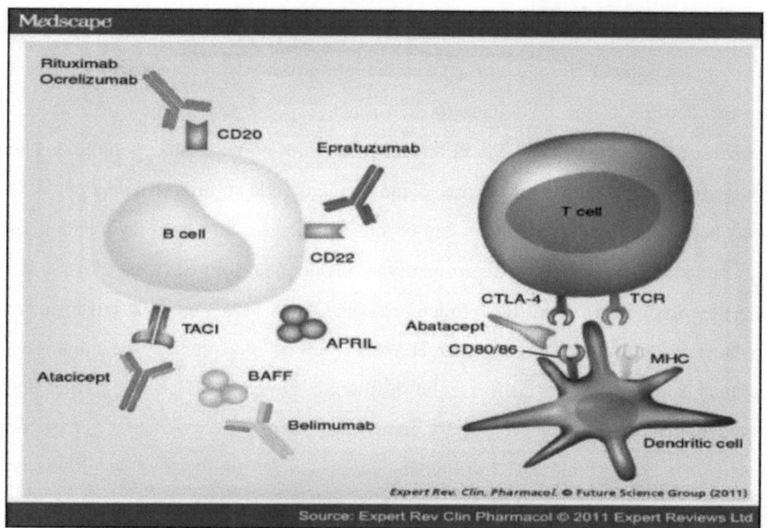

Figura 1: Alvos moleculares de agentes biológicos com potencial benefício no LES[40]

O rituximab e o ocrelizumab têm como alvo o CD20, que se encontra na superfície das células B, desde a fase pré-B até às células B maduras, mas não nos plasmócitos. O epratuzumab actua sobre o CD22, um coreceptor inibitório do recetor das células B. BAFF e APRIL ligam-se ao recetor TACI nas células B. O belimumab inibe a ligação de BAFF, levando à depleção de células B naïve, de transição e da zona marginal, mas não de células plasmáticas. O atacicept bloqueia os efeitos de ambos, BAFF e APRIL, o que lhe permite afetar também os plasmócitos. A co-estimulação das células T é bloqueada pelo abatacept. APRIL: Um ligando indutor de proliferação, BAFF: fator de ativação das células B, CTLA-4: antigénio-4 dos linfócitos T citotóxicos, MHC: complexo principal de histocompatibilidade, TACI: ativador transmembranar e interactuador do ligando da ciclofilina modulador do cálcio, TCR: recetor das células T

1.1.7 Patogénese molecular do LES

Apesar de ser mais ou menos elusiva até agora, a patogénese do LES está a começar a ser desvendada dia após dia, à medida que mais anomalias moleculares são postas em evidência. A caraterística principal do LES é a produção de anticorpos dirigidos a auto-antigénios, nomeadamente anticorpos anti-DNA, anti-Sm, anti-Ro e anti-nucleossomas.[46] Estes anticorpos provocam os danos nos tecidos observados nos doentes com lúpus, que se manifestam por vários sintomas, dependendo do órgão afetado. Apesar de as células B serem as produtoras destes anticorpos, outras sentinelas do sistema imunitário participam na patogénese do LES.

1.1.7.1 Apoptose

Foi demonstrado que os fagócitos de doentes com LES eram menos capazes de engolir matéria apoptótica em comparação com os fagócitos de controlos saudáveis in vitro.[47] É provável que a deficiência de alguns componentes do complemento, como o C1q, seja uma das causas da eliminação defeituosa de resíduos observada. O C1q é essencial no processo de fagocitose porque é capaz de se ligar aos detritos e ser fagocitado posteriormente pelos macrófagos através dos receptores C1q presentes na sua superfície.[48] A eliminação defeituosa dos corpos apoptóticos não só expõe os antigénios nucleares aos auto-anticorpos, como também pode contribuir para a perda de tolerância das células B nos centros germinativos. Isto porque, depois de não serem fagocitados, os resíduos apoptóticos acumulam-se nos centros germinativos dos doentes com LES. Isto leva à sua acumulação na superfície das células dendríticas foliculares (FDC). As FDC podem assim fornecer sinais de sobrevivência a curto prazo às células B auto-reactivas nos centros germinativos, permitindo-lhes escapar à tolerância central. Na zona do manto, as células B auto-reactivas que foram formadas acidentalmente por hipermutação somática podem receber outros sinais de sobrevivência das células T, permitindo a sua diferenciação em células plasmáticas secretoras de auto-anticorpos.[49] A Figura 2 ilustra o papel da apoptose na patogénese do LES.

1.1.7.2 Interferão de tipo I

Muitas evidências apoiam a possibilidade de que o interferão de tipo I (IFN-I), que inclui principalmente os dois membros, IFN-α e IFN-β, possa estar envolvido na patogénese do LES. Em primeiro lugar, foi provado há muito tempo que o soro de doentes com lúpus tem níveis mais elevados de IFNs em comparação com controlos saudáveis e que os níveis de IFN se correlacionam com a atividade da doença.[50] Uma das principais razões responsáveis pelo aumento dos níveis desta citocina em doentes com LES é a presença de imunocomplexos contendo nucleoproteínas que são internalizados em células dendríticas plasmocitóides (pDC) através de um mecanismo dependente de FcγR, resultando na ativação de receptores Toll-like (TLRs) 7 e 9, o que leva à produção excessiva de IFN-α.[51] Estes níveis elevados de IFN são capazes de fazer pender a balança para a autoimunidade através de muitos mecanismos, tais como a diminuição da atividade das células Treg[52] e permitindo a diferenciação de células dendríticas que podem fagocitar e apresentar auto-antigénios às células T auto-reactivas.[53] Também se observou que o nível de IFN não é apenas elevado nos doentes com lúpus, mas também é elevado nos seus familiares saudáveis em comparação com outros controlos saudáveis não relacionados. Este facto implica que os níveis elevados de IFN são causais do LES [54] o que também é apoiado pela presença de genes relacionados com o interferão, como o fator regulador do interferão (IRF5), entre os loci de risco do LES.[55] Outra evidência que comprova a relação causal entre o IFN e o lúpus é o facto de, após a administração de IFN-α a doentes que sofrem de doenças não auto-imunes, estes desenvolverem uma síndrome cujos sintomas se assemelham ao LES idiopático. Nestes doentes, observa-se uma remissão dos sintomas após a interrupção da administração de IFN. [56] Uma outra demonstração do envolvimento do IFN no LES foi feita através de uma análise de microarray que mostrou que os genes estimulados pelo interferão (ISGs) estão sobreexpressos nas PBMCs (células mononucleares do sangue periférico) dos doentes com LES.[57]

1.1.7.3 Linfócitos T

Nos órgãos linfóides secundários, bem como na periferia, a ajuda das células T é fundamental para a produção de auto-anticorpos. Esta ajuda é conseguida quando o autoantigénio é apresentado à célula T no complexo MHC juntamente com um sinal coestimulador. Foram observadas muitas anomalias moleculares nas células T dos doentes com LES que contribuem para a resposta imunológica anormal. A ativação dos receptores de células T (TCR) é invulgar no lúpus porque a sua ativação desencadeia uma resposta de sinalização aumentada, marcada por um aumento do fluxo de cálcio intracitoplasmático e da fosforilação da tirosina. Esta resposta exagerada pode ser devida à reconfiguração do TCR no LES, em que a cadeia comum FcγR substitui a cadeia CD3ζ, levando à transmissão do sinal através da tirosina quinase do baço (SYK) em vez da ZAP-70 canónica.[58] A co-estimulação das células T também parece ser anormalmente elevada no LES. Este facto é evidenciado pelo aumento da expressão de CD40 LG e do antigénio-1 associado à função linfocitária (LFA-1) na superfície das células T lúpicas.[59, 60] Foi ainda referido que a produção de IL-2 pelas células T dos doentes com lúpus está diminuída. A deficiência desta citocina envolvida na ativação e proliferação das células T tem efeitos profundos. Em primeiro lugar, resulta numa baixa atividade das células T citotóxicas, aumentando o risco de infeção, que é uma das principais causas de doença e morbilidade nos doentes com LES. Em segundo lugar, diminui a morte celular induzida pela ativação (AICD), que desempenha um papel importante na tolerância periférica, aumentando assim o tempo de vida das células T autoreactivas no LES. Por último, resulta na função defeituosa das células reguladoras T foxp3+ (T regs).[61]

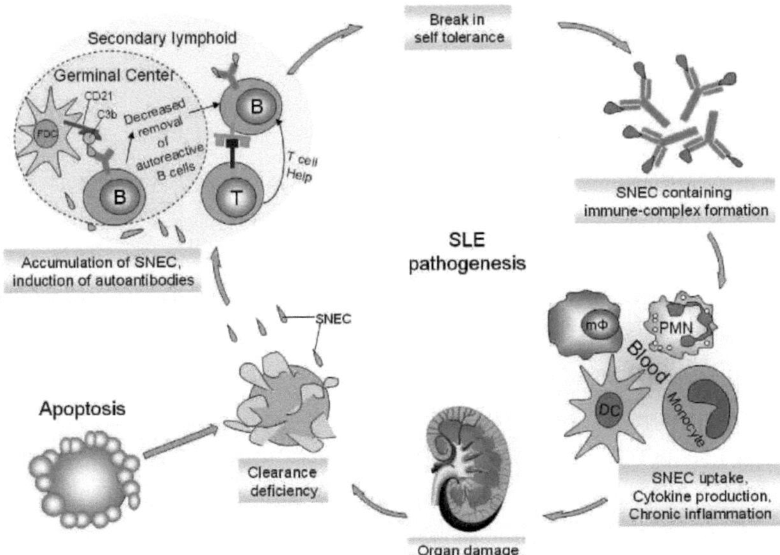

Figura 2: Patogénese do LES Modificado de [49, 62]

No contexto da diminuição da remoção de células apoptóticas, ocorre a necrose secundária. As SNEC acumulam-se nos centros germinais, onde se ligam aos receptores das células dendríticas foliculares com a ajuda de componentes do complemento. Isto permite a sua apresentação pelas células dendríticas foliculares aos linfócitos B auto-reactivos, resultando na diminuição da apoptose das células B auto-reactivas. Na zona do manto, estas últimas recebem mais sinais das células T auxiliares, o que leva a uma quebra da auto-tolerância e à libertação de auto-anticorpos de elevada afinidade. Os anticorpos antinucleares libertados encontram auto-antigénios na circulação, levando à formação de complexos imunes que são eliminados por fagócitos, macrófagos e células dendríticas, resultando na libertação de grandes quantidades de citocinas inflamatórias. Estas citocinas provocam lesões em vários órgãos e um aumento da morte celular, o que dá início a um círculo vicioso de inflamação crónica.

DC: célula dendrítica, PMN: célula polimorfonuclear, SNEC: material derivado de células necróticas secundárias.

1.1.7.4 Linfócitos B

Foram também observadas várias anomalias nos linfócitos B de doentes com LES que poderiam desempenhar um papel no aumento da produção de anticorpos antinucleares de alta afinidade. Tal como as suas congéneres de células T, as células B dos doentes com LES também apresentam fluxos significativamente mais elevados de cálcio intracitoplasmático e de fosforilação da tirosina.[63] Por outro lado, a expressão de FCγRIIB, que é de natureza inibitória, está diminuída nas células B plasmáticas e de memória dos doentes com LES.[64] Pensa-se também que a hiperatividade das células B do lúpus se deve à diminuição da proteína tirosina quinase Lyn intracitoplasmática, que é crucial para a sinalização dos receptores inibitórios.[63, 65]

1.1.7.5 Células Natural Killer

O papel exato das células NK na patogénese do LES não está bem estabelecido até agora, mas há evidências que sugerem o seu potencial envolvimento. Por um lado, foi demonstrado que, em ratinhos lpr, que têm uma mutação no FasL e apresentam um fenótipo semelhante ao do LES, a depleção de células NK1.1^{+} (células NK e células T NK) resultou na aceleração da doença, no entanto, o restabelecimento desta população de células adiou o início da autoimunidade.[66] De acordo com a descoberta anterior, o baixo número de células NK no sangue periférico de doentes com LES foi associado a recaídas, enquanto a restauração do número de células NK foi observada na remissão.[67] Isto sugere um papel protetor das células NK no LES. Por outro lado, verificou-se que a população de células NK CD226+ era capaz de se infiltrar nos rins de ratinhos lpr e de mediar, em certa medida, a lesão dos tecidos.[68] As anomalias das células NK em doentes com lúpus são discutidas em maior pormenor numa secção posterior.

1.2 O que são células assassinas naturais?

As células NK (células assassinas naturais) são a terceira maior população de linfócitos e desempenham um papel vital no sistema imunitário inato.[67] Representam 5-15% dos PBMC de indivíduos saudáveis.[69] Ao contrário dos linfócitos B e T, as células NK caracterizam-se pela ausência de expressão de CD3 (CD3^{-}) e pela expressão de CD56 (CD56^{+}).[70] As funções bem estabelecidas das células NK incluem a lise de células sob tensão, como as células infectadas por vírus ou por tumores, e a libertação de citocinas imunomoduladoras, como o interferão-γ (IFN-γ), o fator de necrose tumoral-α (TNF-α) e o fator de crescimento transformador-β (TGF-β). Uma terceira função possível das células NK poderia ser a sua capacidade de fornecer sinais coestimuladores às células B e T devido à sua expressão superficial de ligandos coestimuladores, como o CD40LG e o OX40LG. Nos seres humanos, as funções de morte e de secreção de citocinas são provavelmente mediadas por duas populações distintas de células NK, com base na expressão de CD56 à superfície das células.[67] A primeira população é constituída pelas células NK CD56^{dim} , que constituem a maioria das células NK do sangue periférico (PBNK)[70] e que se caracterizam pela sua elevada expressão à superfície de CD16 e de receptores do tipo imunoglobulina assassina (KIR), o que as torna linfócitos citotóxicos potentes.[67] A segunda população é constituída pelas células NK com ^{CD56}, que se encontram principalmente nos órgãos linfóides secundários e nos locais de inflamação.[71, 72] Estas últimas têm uma menor atividade citotóxica e funcionam principalmente na secreção de citocinas.[67]

As células NK possuem muitos receptores de superfície celular, a maior parte dos quais se enquadram em duas categorias principais: receptores activadores e receptores inibidores. Os receptores de ativação incluem os membros da família KIR: NKG2D, CD16, KIR2DS e os receptores de citotoxicidade natural: NKp30, NKp44, NKp46. Os receptores inibitórios incluem NKG2A, bem como KIR2DL e KIR3DL.[73] Nas células infectadas por vírus ou transformadas, verifica-se uma regulação negativa das moléculas MHC de classe I, que são os ligandos dos receptores inibitórios, e uma regulação positiva das moléculas indutíveis do tipo MHC de classe I, que são os ligandos dos receptores activadores.[74] Isto faz com que o número de sinais inibitórios seja ultrapassado pelo número de sinais activadores,[69] levando a célula NK a lisar o seu alvo. A Figura 3 mostra como o equilíbrio dos sinais activadores e inibidores regula a atividade das células NK em relação a diferentes alvos. A lise das células-alvo é feita principalmente através da libertação de perforinas (Prf), que são proteínas formadoras de poros, e de granzimas (Gzm), que iniciam a apoptose na célula-alvo. A Figura 4 apresenta um mecanismo sugerido pelo qual as perforinas e as granzimas libertadas pelas células NK conduzem à morte da célula-alvo. O processo de morte pode também ser mediado pelo ligando Fas (FasL) , pelo TNF ou pelo ligando indutor de apoptose relacionado com o TNF (TRAIL).[67]

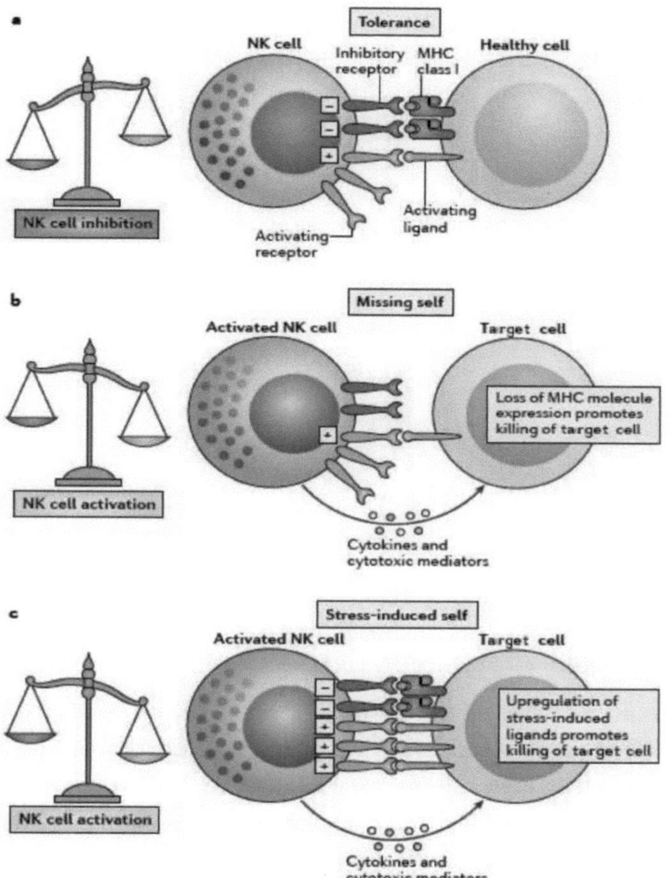

Figura 3: Regulação da atividade das células NK por receptores activadores e inibidores. Modificado de [75]

(a) As células saudáveis não são lisadas pelas células NK devido à expressão na sua superfície celular de ligandos MHC de classe I, que se ligam a receptores inibitórios que atenuam a atividade das NK, o que é conhecido como tolerância. (b) No "missing-self", as células tornam-se alvo de lise mediada por NK ao perderem a expressão de ligandos MHC de classe I e, por conseguinte, ao perderem a capacidade de se ligarem a receptores inibitórios.

(c) No self induzido pelo stress, as células tornam-se vulneráveis às células NK através da sobreexpressão de ligandos activadores induzidos pelo stress, o que resulta na anulação dos sinais inibitórios.

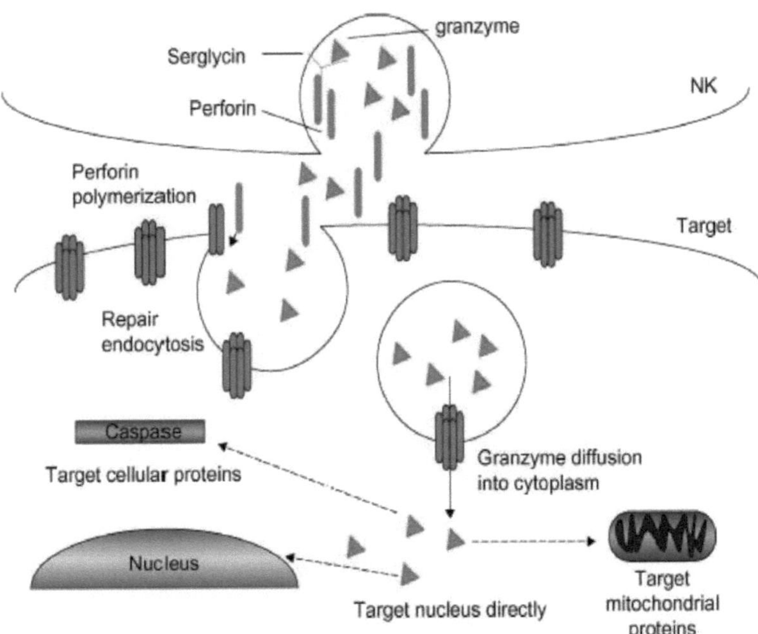

Figura 4: Mecanismo de morte celular mediado por perforina e granzima[76]

Os grânulos citotóxicos no interior das células NK contêm perforinas e granzimas neutralizadas pela serglicina. Após a ativação das células NK, a exocitose expulsa o conteúdo do grânulo em direção à célula-alvo. A polimerização da perforina leva à formação de poros na bicamada fosfolipídica da célula-alvo. Numa tentativa de reparar a membrana danificada, segue-se a endocitose, resultando na absorção de granzimas que são capazes de atingir uma série de substratos, conduzindo eventualmente à morte celular.

1.2.1 O papel imunomodulador das células NK

Durante muito tempo, partiu-se do princípio de que as células NK são bastante prejudiciais nas doenças auto-imunes, exacerbando os danos nos tecidos e, de facto, foi demonstrado num estudo que as células NK podem agravar a esclerose múltipla (EM), matando células gliais e neuronais.[77] No entanto, relatórios recentes revelaram potenciais papéis protectores para estes componentes imunes inatos contra doenças auto-imunes devido à sua capacidade de interagir com células imunes adaptativas, principalmente através da secreção de citocinas e da citotoxicidade. Por exemplo, as células NK são capazes de segregar IFN-γ, que direcciona as respostas das células T para se tornarem polarizadas para Th1. Sabendo que foi sugerido que as células Th17 iniciam algumas doenças auto-imunes específicas de órgãos de forma mais eficiente, a capacidade das células NK para direcionar os linfócitos T auto-imunes para se tornarem Th1 em vez de Th17 polarizados pode ser considerada como protetora contra essas doenças auto-imunes.[78, 79] O TGF-β é outra citocina produzida pelas células NK que pode permitir-lhes diminuir as respostas das células T devido ao seu potente potencial imunossupressor.[80] Muitos estudos salientaram a capacidade da citotoxicidade das células NK para atenuar uma resposta autoimune. Foi demonstrado que as CD imaturas são mortas por um elevado número de células NK activadas ao ligarem-se aos receptores de ativação, DNAM-1 e NKp30, presentes na superfície das células NK. Desta forma, as células NK contribuem para limitar o número de CD maduras, o que, por sua vez, impede a apresentação excessiva de antigénios aos linfócitos T.[81] Outro estudo demonstrou que a expressão superficial dos ligandos NKG2D (MICA, ULBP1, ULBP2 e ULBP3) está aumentada em macrófagos sobre-estimulados, o que provoca a sua morte pelas células NK.[82] Além disso, foi demonstrado que as células NK são capazes, através dos seus receptores NKG2D e NKp46, de lisar microglia em repouso.[83] Além disso, um estudo mostrou que as células NK podem matar diretamente células T auto-imunes na encefalopatia autoimune experimental (EAE).[84] Em consonância com isto, Chong *et al.* demonstraram que, após interagirem com resíduos apoptóticos, as células NK desempenham um papel tolerogénico, matando células T CD4+ activadas, principalmente através da regulação positiva do recetor NKp46.[85] Alguns papéis imunomoduladores das células NK não são mediados por citocinas ou citotoxicidade. Por exemplo, Trivedi *et al.* provaram que as células NK podem inibir a proliferação de células T sem as matar, através da regulação positiva do inibidor do ciclo celular p21 por contacto célula-célula.[86] As descobertas anteriores sobre a imunomodulação das células NK representam apenas um dos lados de uma arma de dois gumes, porque outros estudos sugerem que as células NK também podem influenciar a resposta imunitária no sentido da autoimunidade através de outros mecanismos. Dado o seu papel imunomodulador ambíguo, as células NK podem assim atuar como escudos ou espadas nas doenças auto-imunes, dependendo do tipo e da fase da doença.[87]

1.2.2 O recetor NKG2D

O membro D do grupo 2 das células assassinas naturais (NKG2D) é um recetor NK ativador semelhante a uma lectina do tipo C. Estando localizado na superfície não só de todas as células NK, mas também das células T CD8+ αβ e das células T γδ, este recetor tem uma das mais amplas distribuições entre os receptores das células NK.[88] Nos seres humanos, o NKG2D é codificado por um gene posicionado no cromossoma 12p12-p13.[89] Ao contrário de outros receptores NKG2, o NKG2D está presente como um homodímero e não se associa ao CD94.[90] Em vez disso, cada homodímero NKG2D associa-se a dois dímeros da proteína 10 de ativação do ADNX (DAP10) nos seres humanos.[91] Como se mostra na figura 4, a sinalização NKG2D é mediada pela DAP10, que é uma proteína adaptadora com um domínio citoplasmático de 21 aminoácidos que contém o motivo YINM. Tanto a subunidade p85 da fosfatidilinositol-3-quinase (PI3K) como a Grb2 podem ligar-se ao motivo DAP10, YINM, e ser activadas. No entanto, devido à sobreposição dos sítios de ligação de p85 e Grb2 no DAP10, uma única cadeia de DAP10 pode ligar-se quer a p85 quer a Grb2, mas nunca a ambos ao mesmo tempo.[92] A ativação das vias PI3K e Grb2-Vav1 no interior da célula culmina com o desencadeamento da citotoxicidade.[93] A NKG2D tem um papel tão poderoso na ativação da citotoxicidade das células NK que o seu envolvimento isolado pelos seus ligandos nas células-alvo das NK é suficiente para desencadear a lise dos alvos, mesmo na presença de sinais inibitórios.[94] No entanto, a capacidade da estimulação NKG2D para desencadear a secreção de citocinas pelas células NK não é muito bem compreendida devido a resultados controversos.[92] Por exemplo, foi observado num estudo que a ligação cruzada de NKG2D em células NK humanas apenas desencadeia citotoxicidade.[95] Por outro lado, a estimulação de células NK humanas com MICA solúvel recombinante, ULBP1 e ULBP2 desencadeou a libertação das citocinas IFN-γ, GM-CSF e MIP-1β das células NK, tal como descrito em dois outros estudos[96, 97]. Nas células T, apesar de não ser o principal ativador, o NKG2D actua como um poderoso coestimulador do recetor de células T e é capaz de aumentar a citotoxicidade das células T dirigidas contra células que expressam os NKG2DLs (ligandos NKG2D).[98]

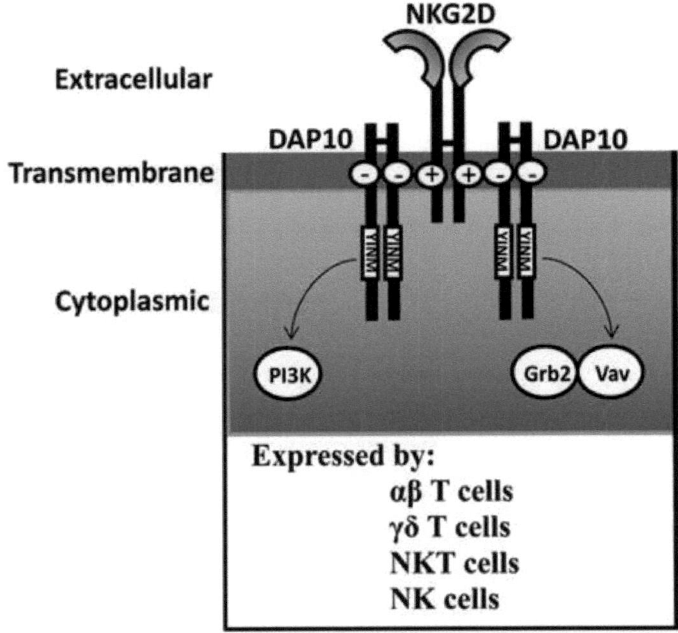

Figura 5: Estrutura do recetor NKG2D e das vias de sinalização a jusante que lhe estão associadas. Modificado de[99]

Nos seres humanos, o recetor NKG2D é encontrado como um homodímero associado a dois homodímeros da proteína adaptadora DAP10 através da interação iónica de resíduos de aminoácidos com cargas diferentes. Após a ligação do NKG2D, é iniciada uma cascata de eventos a jusante através do DAP10 que ativa as vias de sinalização PI3K e Grb2.

1.2.3 Ligandos para o recetor NKG2D

Os ligandos aos quais o NKG2D se liga são um conjunto de moléculas semelhantes a MHC de classe I, divididas em duas famílias nos seres humanos. A primeira família é constituída pelas proteínas de cadeia polipeptídica relacionada com o MHC de classe I (MIC), que incluem a MICA e a MICB (Figura 6). À semelhança das proteínas MHC de classe I, as proteínas MIC têm um domínio extracelular α1-α2-α3 e uma cauda transmembranar curta, mas não se associam aos antigénios β2- microglobulina ou peptídeo, como o MHC de classe I. A segunda família de NKG2DL é constituída pelas proteínas de ligação UL16 (ULBP) 1-5, também conhecidas como transcrição precoce do ácido retinóico 1 (RAET1). [100]

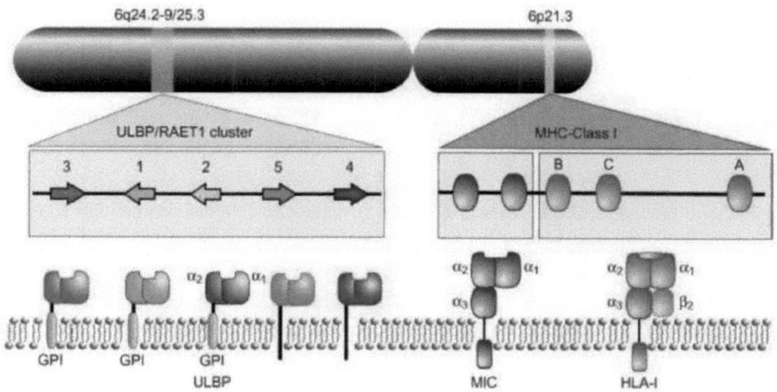

Figura 6: Estrutura e localização cromossómica dos ligandos NKG2D[ ][76]

Os genes MIC estão localizados no cromossoma 6, na região do MHC, e as suas proteínas assemelham-se muito às moléculas do MHC de classe I, com a exceção de não possuírem a β2-microglobulina. Os genes ULBP também estão localizados no cromossoma 6, mas fora da região do MHC. As moléculas ULBP não possuem o domínio extracelular α3. As ULBP1-3 estão ancoradas à membrana por uma âncora de glicosilfosfatidilinositol (GPI), mas as ULBP4 e 5 são proteínas transmembranares.

Os NKG2DLs são principalmente induzidos na superfície das células em condições de stress, infeção ou malignidade, tornando essas células susceptíveis à citólise mediada pelas células NK, mas esses ligandos apresentam um padrão de expressão baixo nas células saudáveis.[101] No entanto, cada vez mais provas confirmam que os NKG2DLs podem ter uma expressão constitutiva ou mesmo ser induzidos em células hematopoiéticas normais, como as células B[102]células T activadas[98, 103]monócitos e macrófagos activados[82, 104] e nas DCs maduras.[105] É por isso que, no

No contexto da autoimunidade, pensa-se que a capacidade das NKG2DLs expressas nas células hematopoiéticas para se ligarem ao recetor NKG2D nas células NK tem um potencial papel protetor, possivelmente ao permitir que as células NK lisem células T auto-reactivas ou eliminem APCs, impedindo assim o desenvolvimento de uma resposta imunitária descontrolada.[101] A figura 7 ilustra o papel da interação NKG2D-NKG2DL na regulação das respostas das células T mediada pelas células NK.

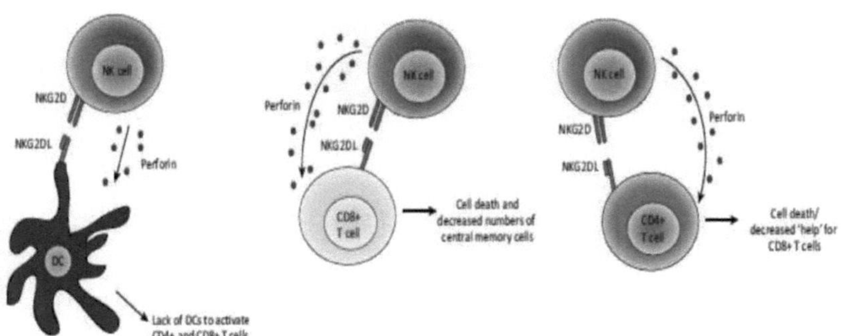

Figura 7: Regulação das respostas das células T pelas células NK através da interação NKG2D-NKG2DL. Modificado de [106]

A ativação das células NK pelo recetor NKG2D pode ajudá-las a restringir as funções das células T, visando as CD que conduzem a uma diminuição da apresentação de antigénios às células T ou visando as próprias células T CD4+ e CD8+.

1.2.4 Células NK no LES

Foram sublinhadas várias anomalias nas células NK dos doentes com LES em comparação com os controlos. A diminuição da citotoxicidade das células NK é a mais frequentemente registada.[107-109] Num estudo, demonstrou-se que a diminuição da citotoxicidade se correlaciona com a atividade da doença do LES e está também presente em familiares com LES, o que implica que esse defeito pode estar envolvido na patogénese da doença, em vez de ser secundário à própria doença ou aos dugs.[107] A diminuição da citotoxicidade observada é acompanhada por vários defeitos observados nos receptores activadores, nos receptores inibidores e nos efectores de citotoxicidade nas células NK dos doentes com LES. No que diz respeito aos receptores activadores, verificou-se que a forma de fenótipo de baixa ligação do recetor CD16 está fortemente associada ao LES.[110] Além disso, a expressão na superfície celular dos receptores de ativação NKG2D e DNAM-1, bem como do coreceptor de ativação 2B4, era menor nas PBNK.[111, 112]

Foram relatados resultados mistos para os receptores de ativação NKp44 e NKp46.[111, 113, 114] Quanto ao principal recetor inibitório NKG2A, verificou-se que tinha uma expressão mais elevada nas células NK dos doentes com LES.[108, 111] A diminuição da citotoxicidade das células NK em doentes com LES foi também atribuída à desregulação dos seus principais efectores citotóxicos, a perforina e as granzimas, cuja expressão foi detectada em doentes com LES.[109, 115] Para além da citotoxicidade aberrante, foi descrito que a produção de citocinas pelas células NK em doentes com LES também apresentava algumas anomalias. Verificou-se que a produção de TGF-β a partir das células NK e de outros linfócitos era menor nos doentes com LES, o que poderia explicar a manutenção da hiperatividade das células B nos doentes com LES.[116] Além disso, um estudo indicou que a capacidade das células NK para produzir IFN-γ era mais elevada em doentes com LES com doença ativa.[108]

1.2.5 Regulação da função das células NK por microRNAs

Estudos recentes revelaram o papel fundamental dos microRNAs na regulação da função das células NK, afectando diversos alvos celulares. Em primeiro lugar, os miRNAs podem ter um efeito sobre uma das etapas mais cruciais da função das células NK, que é a sua capacidade de reconhecer as células-alvo. Isto pode ser feito de forma direta através do controlo da expressão dos próprios receptores das células NK, como é o caso do NKG2D, que demonstrou ser regulado negativamente pelo miR-1245 em células NK de dadores humanos e linhas de células NK.[117] De uma forma alternativa, a regulação do reconhecimento das células-alvo pode ser mediada por miRNAs das células-alvo que controlam a expressão de ligandos para os receptores das células NK. O primeiro miRNA que se observou afetar um NKG2DL humano foi o hcv-miR- UL112-1, codificado pelo hCMV (citomegalovírus humano). Verificou-se que este miRNA regula negativamente a expressão de MICB nas células infectadas com o vírus, reduzindo assim o reconhecimento e a citotoxicidade das células NK.[118] Depois disso, outros estudos relataram a capacidade de miRNAs celulares sintetizados endogenamente para regular a expressão dos NKG2DLs MICA, MICB e ULBP2. Por exemplo, a indução da expressão de MICA em macrófagos humanos pode ocorrer através da regulação negativa de miR-17-5, miR-20 e miR-93 que têm como alvo MICA.[119] Além disso, verificou-se que o MICB, que é crucial para o reconhecimento das células cancerígenas, é regulado negativamente pelo miR-10b.[120] A expressão de ULBP2, o potente marcador de prognóstico para o melanoma maligno, também foi identificada como estando sujeita a um ajuste fino por miR-34a e miR-34c.[121]

Para além da capacidade de os miRNAs controlarem o reconhecimento dos seus alvos pelas células NK, também são capazes de afetar a citotoxicidade e a secreção de citocinas pelas células NK. Revelou-se que as moléculas efectoras citotóxicas, Gzm B e Prf 1, são alvo de miR-27-a* , miR-378 e miR-30e que se ligam diretamente à 3'UTR dos mRNAs efectores, diminuindo assim a sua expressão.[119, 122] Verificou-se que o IFN-γ, uma das principais citocinas segregadas pelas células

NK, era visado de forma direta ou indireta por vários miRNAs, como o miR-155, a família miR-15/16 e o miR-29.[123]

1.3 microRNAs

Os microRNAs (miRNAs) são moléculas de RNA endógenas não codificantes, com 21-23 nucleótidos de comprimento, que foram recentemente descobertas e que se verificou desempenharem um papel importante na regulação fina da expressão genética através da regulação pós-transcricional. Os primeiros dois miRNAs a serem descobertos foram o lin-4 e o let-7 no nemátodo C. elegans, em 1994 e 2000, respetivamente.[124] Verificou-se que estes 2 miRNAs estavam envolvidos no controlo das transições de desenvolvimento em C. elegans. Desde então, foram descobertos e estudados muitos miRNAs em vermes, moscas, plantas e mamíferos.[125] Nos seres humanos, apesar do seu número relativamente pequeno em comparação com os genes, afirma-se que os miRNAs controlam a expressão de cerca de 60% dos genes.[126] Este facto deve-se à capacidade destes pequenos reguladores de se ligarem a muitos alvos de ARNm. A função dos miRNAs não se limita apenas à regulação do desenvolvimento, mas parece desempenhar um papel importante na regulação de muitos acontecimentos fisiológicos, por exemplo, na regulação de vários aspectos das células imunitárias, como o compromisso, a diferenciação, a maturação e a homeostase. A desregulação destes afinadores epigenéticos foi também relacionada com alguns acontecimentos patológicos, como o cancro e as doenças auto-imunes. Foi encontrada uma expressão aberrante de vários miRNAs no LES, o que lhes confere o potencial de fornecer informações essenciais sobre a atividade da doença, os efeitos do tratamento e a patogénese da doença.[127]

1.3.1 Biogénese e mecanismo de ação dos microRNAs

Os genes de miRNA humanos podem estar localizados nas regiões intrónicas, o que acontece com a maioria deles, e também podem estar localizados em regiões intergénicas, o que acontece com cerca de 30% deles.[127] A transcrição dos genes de miRNA em transcritos primários de miRNA (pri-miRNA) é efectuada no núcleo pela RNA polimerase II, a mesma polimerase responsável pela transcrição dos genes codificadores de mRNA. O pri-miRNA formado é processado por um complexo constituído por Drosha, uma enzima RNAse III, e a região crítica 8 de DiGeorge (DGCR8). O processamento do pri-miRNA consiste numa clivagem endonucleática nos braços 5' e 3', dando origem a um hairpin com cerca de 70 nucleótidos de comprimento, conhecido como miRNA precursor (pré-miRNA). A exportina 5-Ran-GTP medeia então o transporte do pré-miRNA para fora do núcleo. No citoplasma, a alça terminal dos pré-miRNAs é clivada pela enzima semelhante à RNAse III, Dicer, e pelo seu parceiro, a proteína de ligação ao RNA transactivador, TRBP, levando à geração do duplex miRNA: miRNA* com 22 nucleótidos de comprimento. O duplex é então desenrolado numa cadeia-guia funcional (miRNA) e numa cadeia passageira (miRNA*). A cadeia-guia é depois carregada no complexo de silenciamento induzido por ARN (RISC) que contém a proteína Argonauta 2 (Ago2), o efector do RISC.[128] Nesta altura, o miRNA, escoltado pelo RISC, liga-se ao seu mRNA alvo complementar que contém o local de ligação do miRNA, designado por elemento de reconhecimento do miRNA (MRE). O MRE está normalmente localizado na região 3' não traduzida (UTR) do ARNm. O emparelhamento de 6-8 nucleótidos na região 5' do miRNA, conhecida como região "semente", é geralmente considerado suficiente para que o miRNA exerça o seu efeito.[129] Apesar da capacidade de alguns miRNAs aumentarem a tradução, [130] o efeito percetível da maioria dos miRNAs é a regulação negativa da expressão genética através de dois mecanismos possíveis, dependendo do grau de complementaridade entre o miRNA e o seu alvo. No caso de emparelhamento complementar completo, o ARNm é degradado, mas no caso de emparelhamento complementar parcial, a tradução do ARNm é reprimida.[131] Normalmente, a cadeia passageira é degradada após o processo de desenrolamento, mas alguns estudos referem que certos miRNAs* têm uma expressão estável no citoplasma, o que implica o seu importante papel biológico. Foi demonstrado que a maioria dos miRNAs se liga ao 3'UTR, mas há provas emergentes de que alguns miRNAs podem ligar-se ao 5'UTR e até a sequências codificadoras de proteínas.[127] A figura 8 é uma boa ilustração da biogénese e do mecanismo de ação dos miRNAs.

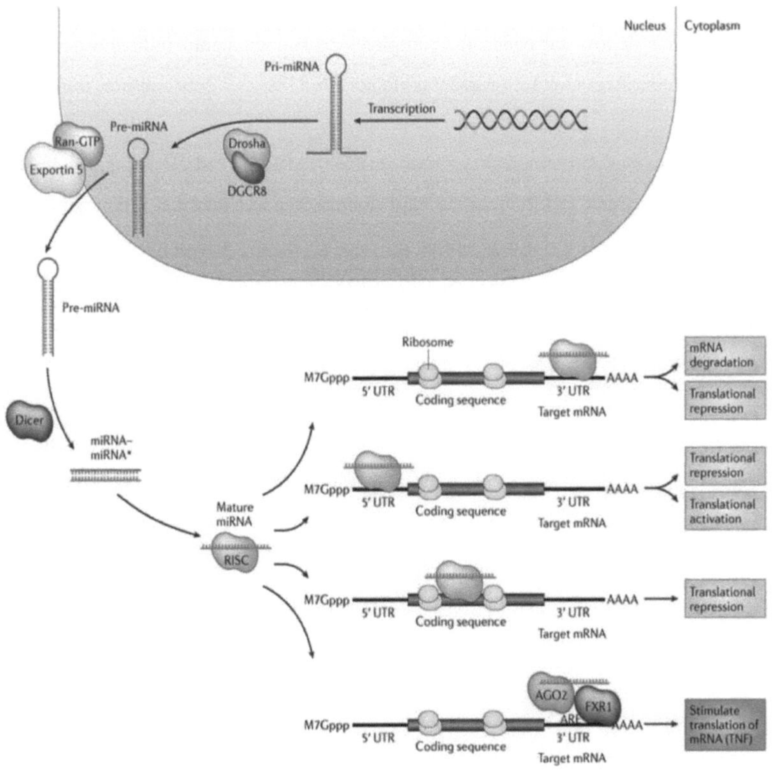

Figura 8: Biogénese e mecanismo de ação dos microARNs Modificado de [132] A transcrição do gene do microARN pela RNA polimerase gera o microARN primário, que é clivado pela Drosha-DGCR8 no núcleo. O microRNA precursor formado é transportado para o citoplasma pela exportina 5-Ran-GTP, onde é clivado pela Dicer-TRBP para produzir o duplex de microRNA. A cadeia funcional do duplex é carregada no complexo de silenciamento induzido por ARN (RISC), orientando-o para se ligar ao ARNm alvo. Se a ligação se efetuar na região 3'UTR, que é o mecanismo principal, o resultado será a degradação do ARNm ou a repressão da tradução. Tal como referido em estudos recentes, a ligação pode por vezes ocorrer no 5'UTR do ARNm e conduzir quer à repressão quer à ativação da tradução. Além disso, a ligação pode ocorrer na região codificadora da proteína e conduzir à repressão da tradução. Além disso, alguns miRNAs são capazes de interagir com Ago2 e FXR1, levando a uma regulação positiva indireta da tradução.

Ago 2: Argonauta 2, *FXR1*: Proteína relacionada com o atraso mental do X frágil, *TNF*: Fator de necrose tumoral

1.3.2 microRNAs no LES

Verificou-se que vários miRNAs tinham uma expressão aberrante nos doentes com LES em comparação com os controlos. A contribuição deletéria deste padrão de expressão desregulado na patogénese do LES foi estudada em relação a vários deles, sendo os principais abordados aqui.

Um possível mecanismo que envolve os miRNAs na patogénese do LES é a sua capacidade de diminuir outra faceta epigenética da expressão genética, que é a metilação do ADN, causando assim uma hipometilação global do ADN. Um dos miRNAs repetidamente investigados no LES é o miR-21, que se verificou estar sobre-regulado nas células T CD4+ de doentes com LES, bem como nas células T CD4+ de ratinhos com tendência para o lúpus. Este miRNA tem como alvo a proteína libertadora de guanilnucleótidos Ras (RasGRP1), que está envolvida na via de sinalização ERK, através da qual diminui indiretamente a expressão de DNMT1, levando à hipometilação de genes sensíveis à metilação e à subsequente hiperatividade das células T.[133, 134] Para além do seu efeito na metilação do ADN, o miR-21 também regula negativamente a expressão da proteína inibidora da tradução, a proteína 4 da morte celular programada (PDCD-4), o que leva a uma maior produção de IL-10 e a um aumento da proliferação e sobrevivência das células T.[133, 135] Foi demonstrado que dois outros miRNAs, nomeadamente os miR-148a e 126, estavam sobre-regulados nas células T CD4+ de doentes com LES, conduzindo à desregulação da DNMT1, mas a diferença é que se demonstrou que tinham como alvo direto a 3'UTR do mRNA da DNMT1.[134, 136] Foi detectado que as células T CD4+ primárias transfectadas com miR-21, miR-126 ou miR-148a tinham todas uma expressão aumentada dos genes sensíveis à metilação, CD11a e CD70. O CD11a leva à formação do antigénio associado à função leucocitária (LFA-1) através da dimerização com o CD18. Suspeita-se que a sobreexpressão de CD11a nas células T CD4+ desencadeia a proliferação celular em resposta a quantidades mínimas de auto-antigénios que normalmente passariam despercebidos ao sistema imunitário. A sobreexpressão de CD70 nas células T CD4+ desencadeia a produção de imunoglobulina G (IgG) a partir de células B normais.[137] Um estudo recente também salientou a capacidade do miR-29b, que estava sobreexpresso nas células T CD4+ do LES, para regular negativamente a DNMT1 de forma indireta, tendo como alvo o fator de transcrição sp1.[138]

A profunda inflamação sistémica observada nos doentes com LES tem sido associada à regulação negativa de alguns miRNAs cuja função é suprimir a inflamação. O miRNA-146a é normalmente regulado positivamente após a ativação de receptores do tipo Toll e actua no sentido de suprimir a inflamação regulando negativamente vários componentes-chave essenciais para a produção de IFN tipo I ou para a produção de genes induzíveis por IFN. Os componentes celulares visados pelo miR-146a são a quinase 1 associada ao IL-1R (IRAK 1), o fator 6 associado ao TNFR (TRAF 6), o fator regulador 5 do IFN (IRF 5) e o transdutor de sinal e ativador da transcrição 1 (STAT 1). As PBMCs de doentes com LES apresentam uma expressão reduzida de miR-146a em comparação com controlos saudáveis e existe uma correlação inversa entre a expressão de miR-146a e a atividade da doença, bem como as pontuações de IFN.[139] O miRNA-125a também desempenha um papel importante na regulação da inflamação, actuando diretamente sobre o fator de transcrição Kruppel-like fator 13 (KLF-13). O KLF-13 é responsável pela regulação da expressão da quimiocina pró-inflamatória RANTES (Regulated upon activation normal T cell expressed and secreted). Os linfócitos T de doentes com LES mostraram uma expressão reduzida de miR-125a acompanhada por níveis mais elevados de KLF-13 e RANTES.[140]

O desenvolvimento e a função anómalos das células Treg no LES foram associados ao miR-31 e ao miR-155. O miR-31 foi estudado tanto em humanos como em ratinhos. Em ratos com tendência lúpica, o miR-31 foi observado como estando sobre-regulado, e a presença de um local de ligação para este miRNA na 3'UTR do mRNA FOXP3 permite-lhe regular negativamente a expressão deste fator de transcrição que é vital para as células Treg.[124] Por outro lado, um estudo mais recente demonstrou que, em doentes com LES humano, o mesmo miRNA se encontrava desregulado nas células T e que a sua expressão estava diretamente correlacionada com os níveis de IL-2. [141] Codificado no gene BIC (B cell integration cluster), o miR-155 demonstrou estar sobre-expresso nas células Treg de ratinhos com tendência para o LES, em comparação com ratinhos saudáveis, e parece diminuir o seu potencial supressor.[142]

A hiperatividade das células B caraterística do LES foi associada ao miRNA-30a. Observou-se que o nível deste miRNA era mais elevado nas células B de doentes com LES e pensou-se que isto explicava, pelo menos em parte, a regulação negativa do seu alvo, que é a proteína tirosina quinase Lyn.[143]

A hiperatividade das células T no LES foi igualmente confirmada como estando ligada à expressão anómala de dois miRNAs que são o miR-142-3p e o miR-142-5p. Detectou-se que estes miRNAs estavam desregulados nas células T CD4+ de doentes com LES, contribuindo assim para a sobreexpressão da proteína associada à molécula de ativação linfocítica de sinalização (SAP), CD84 e IL-10, que se confirmou serem alvos a jusante do miR-142-3p/5p. O aumento da expressão de SAP, CD84 e IL-10 resulta na hiperatividade das células T caraterística dos doentes com LES. [144]

Num estudo realizado pelo nosso grupo em doentes com LES juvenil, a taxa anormalmente elevada de apoptose observada no LES foi relacionada com a expressão deficiente do miR-181a. Observou-se que este miRNA estava desregulado nas PBMCs e que o seu mRNA alvo, PCAF, estava aumentado em comparação com controlos saudáveis. Pensou-se que isto explicaria a ubiquitinação aumentada da proteína Hdm2, que resulta na libertação de p53, causando um aumento da apoptose nos doentes com LES.[145] Outro estudo realizado pelo nosso grupo observou a dupla desregulação do miR-17-5p e do seu alvo E2F ao nível do ARNm e da proteína nas PBMCs de doentes com LES juvenil.[146]

miRNA	Tipo de tecido ou tipo de célula	Expressão em LES	Objetivo	Referência
miR-21	Células T CD4+ de doentes com LES e de ratinhos com tendência para o lúpus	Upregulado	RasGRP1 PDCD-4	[133, 134]
miR-148a	Células T CD4+ de doentes com LES	Upregulado	DNMT1	[134]
miR-126	Células T CD4+ de doentes com LES	Upregulado	DNMT1	[136]
miR-29b	Células T CD4+ de doentes com LES	Upregulado	SP1	[138]
miR-146a	PBMCs de doentes com LES	Regulação negativa	IRF5 STAT1 IRAK1 TRAF6	[139]
miR-125a	PBMCs de doentes com LES	Regulação negativa	KLF-13	[140]
miR-31	Células T de doentes com LES	Regulação negativa	RhoA	[141]
miR-31	Células Treg de ratinhos com tendência para o lúpus	Upregulado	FOXP3	[124]
miR-155	Células Treg de ratinhos com tendência para o lúpus	Upregulado	CD62L	[142]
miR-30α	Células B de doentes com LES	Upregulado	Lyn	[143]
miR-142-3p⁄5p	Células T CD4+ de doentes com LES	Regulação negativa	SAP, CD84 & IL-10	[144]
miR-181a	PBMCs de doentes com LES	Regulação negativa	PCAF	[145]
miR-17-5p	PBMCs de doentes com LES	Regulação negativa	E2F	[146]

Tabela 4: microRNAs com expressão aberrante no LES

2. miR-27a*

O hsa-miR-27a*, também conhecido como hsa-miR-27a-5p, é codificado pelo cromossoma 19.

Num estudo anterior, foi referido que este miRNA afectava a citotoxicidade das células NK, tendo como alvo Prf-1 e GzmB. [119, 122] Ao efetuar uma análise bioinformática utilizando o software Miranda, verificou-se que a sua região de semente tem um sítio de ligação putativo na 3'UTR do ARNm NKG2D com uma boa pontuação de ligação (figura 15). O facto de estar envolvido na regulação da citotoxicidade das células NK, bem como de ser um potencial alvo a montante do NKG2D, tornou este miRNA apelativo para estudo. A sequência de nucleótidos do miR-27a* é apresentada na figura 9.

5' AGGGCUUAGCUGCUUGUGAGCA 3'

Figura 9: sequência nucleotídica do hsa-miR-27a* maduro

3. Objetivo do trabalho

O principal objetivo deste estudo foi investigar a regulação da função das células NK, especialmente a regulação da expressão de NKG2D, por miRNAs em doentes com LES, o que constituiu uma novidade nunca antes relatada na literatura. Para tal, em primeiro lugar, era importante avaliar a expressão do recetor ativador, NKG2D, nas PBMCs e nas células PBNK dos doentes com LES em relação aos controlos. Além disso, era essencial analisar, pela primeira vez, a expressão do miR-27a* nas PBMCs e nas células PBNK dos doentes com LES em relação aos controlos. Além disso, era necessário correlacionar a expressão de NKG2D e miR-27a* nas PBMCs de doentes com LES entre si e correlacionar cada uma delas com os resultados do SLEDAI dos doentes. O objetivo subsequente era examinar os efeitos das experiências de ganho e perda de função do miR-27a* na expressão de NKG2D em PBMCs e, pela primeira vez, nas células PBNK de doentes com LES. O objetivo final era avaliar, também pela primeira vez, a expressão do NKG2DL, ULBP2, nas PBMCs de doentes com LES e correlacionar a sua expressão com as pontuações SLEDAI dos doentes.

4. Doentes, materiais e métodos

4.1 Doentes

Para efeitos deste estudo, foram recrutados trinta e sete doentes com diagnóstico confirmado de LES de início na infância, com uma idade média de 14,7 anos, no departamento de Reumatologia do hospital Abo El Reesh. Para efeitos de comparação, foram também recrutados 17 controlos saudáveis com a mesma idade. Depois de obtido o seu consentimento informado, foram retirados seis mililitros de sangue venoso periférico de cada doente e quatro mililitros de controlos saudáveis. O nível de expressão de NKG2D, miR-27a* e ULBP2 em PBMCs foi analisado em alguns dos doentes individualizados e comparado com os controlos individualizados. As experiências de ganho e perda de função do miR-27a* em PBMCs foram também realizadas apenas em doentes individualizados. As PBMCs dos restantes doentes foram sacrificadas com o objetivo de isolar células PBNK, que foram divididas em pools e utilizadas para avaliar a expressão de NKG2D e miR-27a* relativamente a pools de células PBNK de controlos saudáveis. Os pools de células PBNK de doentes com LES também foram utilizados para realizar experiências de ganho e perda de função do miR-27a*. Para avaliar a atividade da doença de cada doente no momento da colheita de sangue, foi utilizado o sistema de pontuação SLEDAI. Os medicamentos utilizados pelos doentes recrutados neste estudo incluíam principalmente o corticosteroide Prednisona, o antimalárico Hydroquine e os imunossupressores Imuran, Cellcept, Myfortic e Endoxan. Outras categorias de medicamentos também estavam a ser administradas pelos doentes, tais como anti-inflamatórios, anti-hipertensores, anticoagulantes, sais de cálcio, vitaminas e antiácidos. A Tabela 5 apresenta os dados clínicos dos doentes, incluindo o sexo, a idade, os medicamentos e a pontuação SLEDAI calculada para cada um deles.

Doente	Sexo	Idade	Medicamentos	SLEDAI pontuação
1	F	15	Aldactone, Bonapex, Capoten, Epilat, Hydroquine, Immuran, Prednisone	20
2	F	13	Aspocid, Hidroquina, Prednisona, Vitacal	13
3	F	11	Capoten, Endoxan, Hidroquina, Imuran, Fenitoína, Prednisona	25
4	F	20	Capoten, Epilat, Hidroquina, Imuran, Prednisona	15

Doente	Sexo	Idade	Medicamentos	SLEDAI pontuação
5	M	9	Hidroquina, Imuran, Prenisona	7
6	M	14	Esteroide alfa, Endoxan, Hidroquina	8
7	F	10	Calcimate, Hidroquina, Imuran, Inderal, Prednisona	
8	F	12	Endoxan, hidroquina, Imuran, Prednisona	4
9	M	12	Bonapex, Capoten, Cellcept, Hidroquina, Prednisona	14
10	F	7	Capoten, Endoxan, Epilat, Hidroquina, Imuran, Prednisona	12
11	M	15	Alkagel, Calcimate, Hidroquina, Prednisona	4
12	M	11	Calcimate, Hidroquina, Prednisona	17
13	M	14	Capoten, CellCept, Hidroquina, Alkagel, Prednisona	18
14	F	11	Sem tratamento	2
15	F	15	CellCept, Declophen, Hydroquine, Prednisone	16
16	M	13	Calcimate, Cellcept, Prednisona	2
17	F	21	Sem tratamento	0
18	F	12	Calcimate, Capoten, CellCept, Epilat, Hydroquine, Prednisone	8
19	F	20	Aldomet, Bonapex, Calcimate, CellCept, Epilat, Prednisone	0
Doente	**Sexo**	**Idade**	**Medicamentos**	**SLEDAI pontuação**
20	M	14	Hidroquina, Prednisona	3
21	F	32	Sem tratamento	0
22	F	8	Aspirina, Capoten, Hidroquina, Imuran, Marevan, Prednisona	9
23	F	18	Declophen, Hydroquine, Imuran, Prednisone	8
24	F	14	Calcimate, Capoten, Prednisona	4

25	M	13	Alfacalcidol, Capoten, Cordarone, Colchicina, Myfortic, Prednisona.	12
26	F	23	Sem tratamento	0
27	F	14	Calcimate, Hidroquina, Imuran, Prednisona	3
28	M	18	Hidroquina, Imuran	12
29	F	12	Aspocid, Decal, Hidroquina, Imuran, Prednisona	12
30	F	15	CellCept, Declophen, Hydroquine, Prednisone	16
31	M	14	Hidroquina, Imuran	3
32	F	13	Capoten, Hidroquina, Myfortic, Prednisona	22
33	F	14	Calcimate, Capoten, Prednisona	4
34	M	14	Capoten, Cellcept, Epilat, Prednisona, Lasix	5
35	F	22	Hidroquina, Prednisona	3
36	F	13	Alkapress, Capoten, Hostacortin, Imuran, Zantac	22
37	F	17	Declophen, Hydroquine, Imuran, Prednisone	9

Tabela 5: Dados clínicos dos pacientes recrutados no presente estudo

4.2 Materiais

4.2.1 Equipamento

Produto	Produtor *(País)*
Fluxo laminar	FASTER BH-EN 2004 *(Alemanha)*
Congelador -80	REVCO, produtos de laboratório Kendro *(EUA)*
Incubadora	Medcenter Einrichtungen Gmbh *(Alemanha)*
PCR em tempo real Stepone	Applied Biosystems *(EUA)*
Themocycler	Biometra *(Alemanha)*
Centrifugadora (mesa minicentrifugadora)	5417C, Eppendorf *(Alemanha)*
Centrifugadora de refrigeração	Centrifugadoras de laboratório Sigma 3K30

	(Alemanha)
Microcentrifugadora	EBA 20, Hettich *(Alemanha)*
Banho-maria Clifton	Nickel Electro *(Reino Unido)*
Vórtice	Stuart, Bibby Sterilin Ltd. *(REINO UNIDO)*
Pipetas automáticas (1000, 200, 20 µL)	Eppendorf *(Alemanha)*
Crioboxes	AHN Biotecnologia *(Alemanha)*
Tubos de centrifugação de 15 ml, estéreis, sem DNAse/ RNAse	Greiner Bio-One *(Alemanha)*
Tubos de centrifugação de 50 ml, estéreis, sem DNAse/ RNAse	Greiner Bio-One *(Alemanha)*
Tubos de microcentrifugação de 1,5 ml, estéreis, sem DNAse/ RNAse	Biotecnologia AHN *(Alemanha)*

Produto	**Produtor (*País*)**
Tubos com EDTA	Greiner Bio-One *(Alemanha)*
Frascos criogénicos de 1,8 ml (estéreis)	Greiner Bio-One *(Alemanha)*
Tubos de tiras PCR	Applied Biosystems *(Singapura)*
Placas de 24 poços	Greiner Bio-One *(Alemanha)*
Placas de 96 poços	Greiner Bio-One *(Alemanha)*
Pipetas Pasteur (esterilizadas)	Greiner Bio-One *(Alemanha)*
Hemocitómetro	HBG *(Alemanha)*
Colunas MACS e separadores MACS	Miltenyi Biotec *(Alemanha)*

4.2.2 Kits

Produto	**Produtor (*País*)**
Ensaio de microRNA Taqman	Applied Biosystems *(EUA)*
Kit de transcrição reversa de microRNA Taqman	Applied Biosystems *(EUA)*
Ensaios de expressão génica Taqman	Applied Biosystems *(EUA)*
Kit de arquivo de cDNA de alta capacidade	Applied Biosystems *(EUA)*

Kit de isolamento NK	Miltenyi Biotec *(Alemanha)*

4.2.3 Reagentes

Produto	**Produtor (*País*)**
Penicilina/estreptomicina	LONZA *(Alemanha)*
RPMI suplementado com L-Glutamina	Lonza *(Bélgica)*
Soro fetal bovino	Lonza *(Bélgica)*
Mycozap	Lonza *(Bélgica)*
Reagente de transfecção HiPerfect	Qiagen
Hidrato de ficoll	AXIS-SHIELD Poc AS *(Noruega)*
Azul de tripano	Fluka Sigma *(Alemanha)*
Reagente de extração de ADN e ARN Biozol	Bioflux *(China)*
Etanol	Mer-ck *(Alemanha)*
Clorofórmio	Fisher Scientific *(Reino Unido)*
Álcool isopropílico	Produtos químicos farmacêuticos Nasr *(Ggypl)*

4.3 Métodos

4.3.1 Recolha de amostras

Foi retirado um total de 6 ml do sangue periférico venoso de doentes pediátricos com LES e 4 ml de controlos saudáveis com a mesma idade e recolhido em tubos com EDTA para evitar a coagulação. Nas 3 ou 4 horas seguintes à recolha das amostras, foi utilizada a técnica de separação Ficoll para isolar os PBMC do sangue total. Os PBMC de cada amostra foram criopreservados e armazenados num congelador a -80° C.

4.3.2 Separação de células mononucleares do sangue periférico

Cada 2 ml de sangue fresco foram diluídos por adição a 2 ml de mistura de lavagem* num tubo falcon de 15 ml e misturados por inversão. Noutro tubo falcon de 15 ml, foram adicionados 3 ml de hidrato de Ficoll, seguidos de 2 ml de cada amostra de sangue diluído, que foram cuidadosamente colocados em camadas, utilizando uma pipeta Pasteur limpa, sobre o hidrato de Ficoll e os tubos foram centrifugados a uma velocidade de 1000 rpm durante 30 minutos. Após a centrifugação, a camada de linfócitos, por baixo da camada de plasma e plaquetas, foi recolhida de cada um dos dois tubos com uma pipeta Pasteur limpa e transferida para um novo tubo falcon de 15 ml. A 1st lavagem dos linfócitos separados foi efectuada adicionando-lhes 3 ml da mistura de lavagem pré-aquecida, ressuspendendo as células e centrifugando a uma velocidade de 1800 rpm durante 10 minutos, após o que o sobrenadante foi eliminado. A segunda lavagem foi efectuada ressuspendendo o pellet em 3 ml de mistura de lavagem pré-aquecida e centrifugando a uma velocidade de 1200 rpm durante 5 minutos, após o que o sobrenadante foi igualmente eliminado. A lavagem final foi efectuada ressuspendendo o sedimento em 3 ml de mistura de lavagem pré-aquecida e centrifugando a uma velocidade de 900 rpm durante 5 minutos. Por fim, o sobrenadante foi eliminado e o sedimento de PBMCs foi ressuspenso em 1 ml de mistura de congelação**, transferido para um criotubo e armazenado no congelador a -80 C.°

* Composição de 100 ml de mistura de lavagem =

94 ml de RPMI + 5 ml de FBS + 1 ml de penicilina/estreptomicina

** Composição de 50 ml de mistura para congelação =

30 ml de mistura de lavagem + 15 ml de FBS + 5 ml de DMSO

4.3.3 Determinação da contagem de células

Para efeitos de contagem, os PBMC foram ressuspensos num volume adequado de mistura de lavagem. Seguiu-se a retirada de 10 µL da suspensão de células, que foi corada com uma quantidade equivalente de corante azul de tripano a 0,01%. 10 µL da suspensão corada com azul de tripano foram então transferidos cuidadosamente para um hemocitómetro coberto com uma lamela, que foi colocado sob um microscópio ótico. As células foram contadas com uma ampliação de 20x e o número de células foi calculado utilizando a seguinte fórmula:

Número de células viáveis/ml = número de células viáveis num quadrado grande x 2 x 10^4

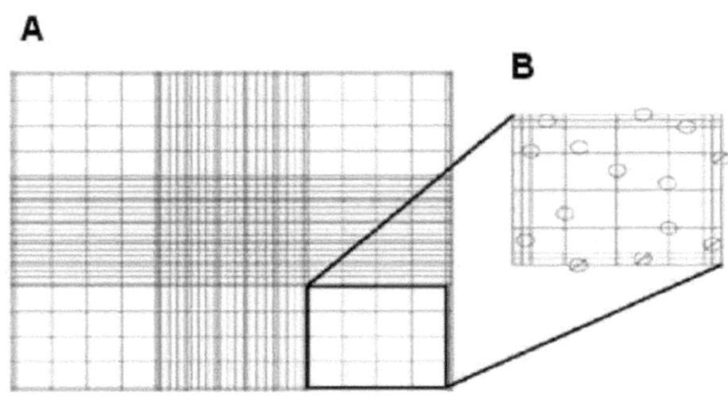

Figura 10: Determinação da contagem de PBMC com um hemocitómetro

(A) Vista superior mostrando apenas uma câmara do hemocitómetro, constituída por quatro quadrados grandes. (B) Vista ampliada de um quadrado grande mostrando algumas células. Só são contadas as células viáveis não coradas.

4.3.4 Isolamento de células NK

4.3.4.1 Princípio do isolamento de NK

O isolamento das células NK foi efectuado utilizando as colunas MACS, os separadores MACS e o kit de isolamento de células NK (Miltenyi Biotec). Como se mostra na figura 11, o princípio da separação depende da seleção negativa, em que a população de células não NK é marcada magneticamente com anticorpos conjugados com biotina e microesferas. Quando se permite que as PBMCs passem através da coluna MACS colocada num campo magnético, a população não-NK marcada é retida no interior da coluna, permitindo assim que apenas a população de células NK não marcadas seja recolhida à medida que sai da coluna.

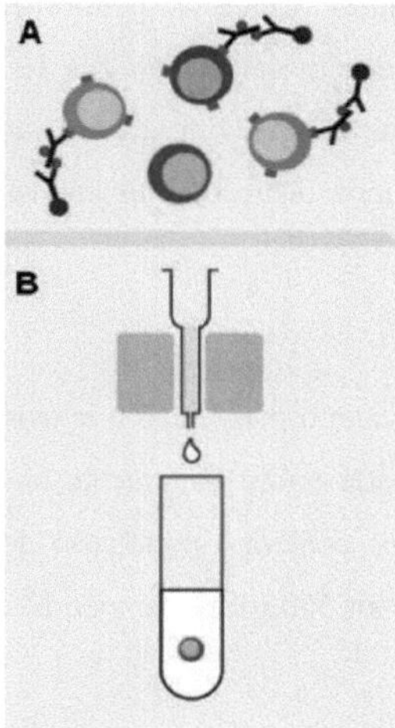

Figura 11: Princípio do isolamento de células NK utilizando a seleção negativa (fonte: folheto do MACS)

As células não-NK são marcadas magneticamente utilizando um cocktail de anticorpos e microesferas, enquanto as células NK são deixadas intactas, o que permite a passagem apenas das células NK através da coluna colocada num campo magnético.

4.3.4.2 Descongelamento e agrupamento de PBMCs

Para reavivar as células criopreservadas, uma quantidade adequada de mistura de lavagem foi previamente aquecida a 37° . Seguiu-se o descongelamento das células, agitando os frascos criogénicos no banho de água. Depois disso, adicionou-se gota a gota 1 ml da mistura de lavagem pré-aquecida ao conteúdo de cada criovial e as células diluídas de cada criovial foram transferidas para um tubo falcon contendo 7 ml de mistura de lavagem pré-aquecida. Os tubos falcon foram centrifugados a 2000 rpm durante um máximo de 15 minutos. Após a centrifugação, o sobrenadante foi eliminado. O agrupamento de PBMCs foi efectuado ressuspendendo o pellet de um tubo em 4 ml de mistura de lavagem e transferindo a suspensão de células para o tubo seguinte e assim sucessivamente.

4.3.4.3 Etiquetagem magnética

Em primeiro lugar, foi determinado o número de PBMCs agrupados na suspensão de células e, em seguida, a suspensão de células foi centrifugada a 2000 rpm durante 10 min. O sobrenadante foi completamente removido e o pellet foi ressuspenso em 40 μL de tampão estéril NK por 10 células^7 . Em seguida, foram adicionados 10 μL de cocktail de biotina-anticorpo de células NK, as células foram muito bem misturadas e incubadas durante 10 minutos a 2-8° C. Após esta primeira incubação, foram utilizados 30 μL de tampão estéril NK por 10^7 células para ressuspender as células e, em seguida, foram adicionados 20 μL do cocktail de microesferas de células NK por 10^7 células e muito bem misturados para permitir a marcação específica das células. Em seguida, as células foram incubadas durante 15 minutos a 2-8° C. Após esta segunda incubação, as células foram ressuspendidas em 500 μL de tampão NK estéril.

4.3.4.4 Separação magnética

Para efeitos de separação magnética, a coluna MACS foi colocada no campo magnético e lavada com 500 μL de tampão estéril NK. A suspensão de células foi aplicada muito lentamente nas paredes da coluna para evitar a formação de bolhas de ar. O fluxo que contém a população de células NK enriquecida foi recolhido. Finalmente, a coluna foi lavada com 500 μL de tampão NK estéril, que foram combinados com a porção de células NK.

4.3.5 Transfecção de PBMCs com mimetizadores e antagomizadores do miR-27a* utilizando o reagente de transfecção HiPerfect

No dia anterior à transfecção, os PBMCs foram diluídos até atingirem uma densidade de 1 x 10^6 células por ml num meio de cultura adequado contendo soro e antibióticos e colocados numa placa de 24 poços. As células foram incubadas durante 24 horas nas suas condições normais de crescimento, que são 37° C e 5% de CO_2. No dia da transfecção, as células foram diluídas até atingirem uma densidade de 1 x 10^6 células por 100 μl de meio de cultura contendo soro e antibióticos e colocadas numa placa de 24 poços. O complexo de transfecção contendo o mímico foi preparado diluindo 210 ng do mímico em 100 μl de meio de cultura sem soro e adicionando 3 μl de reagente de transfecção HiPerfect (Qiagen). O complexo de transfecção contendo o antagomir foi preparado diluindo 420 ng do antagomir em 100 μl de meio de cultura sem soro e adicionando 3 µl de reagente de transfecção HiPerfect.

Para permitir a formação adequada dos complexos de transfecção, procedeu-se à agitação em vórtice e incubação durante 5-10 minutos à temperatura ambiente (15-25° C). Em seguida, a adição dos complexos pré-formados foi feita gota a gota às PBMC e a placa foi agitada suavemente para garantir uma distribuição uniforme dos complexos de transfecção. Depois disso, as PBMCs foram incubadas com os complexos de transfecção nas suas condições normais de crescimento, que são 37° C e 5% CO_2. Finalmente, 6 horas após a incubação, 400 µl de meio de cultura contendo soro e antibióticos foram adicionados às PBMCs e estas foram incubadas durante 48 horas até à análise do silenciamento ou indução de genes.

4.3.6 Transfecção de células NK com mimetizadores e antagomizadores do miR-27a* utilizando o reagente de transfecção HiPerfect

No dia anterior à transfecção, as células PBNK foram semeadas numa placa de 96 poços para atingir uma densidade de 3-6 x 10^4 células em 30 µL de meio de cultura RPMI completo contendo soro e antibióticos. As células foram incubadas durante 24 horas nas suas condições normais de crescimento, que são 37° C e 5% de CO_2. No dia da transfecção, o complexo de transfecção contendo o mímico foi preparado diluindo 250 ng do mímico em 30 µl de meio de cultura sem soro e adicionando 1 µl de reagente de transfecção HiPerfect (Qiagen). O complexo de transfecção contendo o antagomir foi preparado diluindo 500 ng do antagomir em 30 µl de meio de cultura sem soro e adicionando 1 µl de reagente de transfecção HiPerfect. Para permitir a formação adequada dos complexos de transfecção, procedeu-se à agitação em vórtex e incubação durante 5-10 minutos à temperatura ambiente (15-25° C). De seguida, os complexos pré-formados foram adicionados gota a gota às células NK. Para aumentar a eficiência da transfecção, as células e os complexos de transfecção foram misturados por pipetagem para cima e para baixo 4-6 vezes. Para cada grupo de células NK, foram efectuadas operações de ganho e perda de função em poços triplicados para confirmar os resultados. Depois disso, as NKs foram incubadas com os complexos de transfecção nas suas condições normais de crescimento, que são 37° C e 5% de CO_2. Finalmente, 6 horas após a incubação, 140 µl de meio de cultura contendo soro e antibióticos foram adicionados aos PBMCs e estes foram incubados durante 48 horas até à análise do silenciamento ou indução de genes.

4.3.7 Extração de ARN total utilizando Biozol

O conteúdo da placa foi transferido para tubos de centrifugação de 1,5 ml e centrifugado a uma velocidade de 2500 rpm durante 15 minutos para sedimentar. O sobrenadante foi então eliminado numa direção oposta à do pellet. A homogeneização foi efectuada adicionando 500 µl de reagente de extração de ARN total Biozol ao pellet, seguido de agitação em vórtex até ao desaparecimento do pellet. Após a agitação em vórtex, os tubos foram deixados em repouso durante 5 minutos. Em seguida, foram adicionados 100 µl de clorofórmio e os tubos foram misturados por inversão. Para separar as fases aquosa e orgânica, os tubos foram centrifugados a uma velocidade de 12.000 rpm durante 15 minutos a uma temperatura de 4° C. Após a centrifugação, a fase aquosa superior foi transferida para um novo tubo de centrifugação de 1,5 ml, tendo o cuidado de deixar intacta a fase intermédia que contém o ADN. Para precipitar o ARN, foram adicionados 250 µl de álcool isopropílico à fase aquosa e os tubos foram invertidos 10 vezes e incubados durante 10 minutos em gelo. Depois disso, os tubos foram centrifugados a uma velocidade de 12.000 rpm durante 15 minutos a uma temperatura de 4° C. O sobrenadante foi derramado e foram adicionados 200 µl de etanol a 75 % para lavar o ARN. Os tubos foram invertidos 5 vezes e centrifugados a uma velocidade de 12.000 rpm durante 5 minutos a uma temperatura de 4° C. O sobrenadante foi removido e o ARN foi deixado a secar ao ar durante 5 minutos. Finalmente, foram utilizados 30 µl de água DEPC para dissolver o ARN, que foi armazenado no congelador a - 80 C.°

4.3.8 Transcrição reversa

4.3.8.1 Transcrição reversa do miRNA em cDNA

O MiR-27a*, a partir do ARN total extraído, foi objeto de transcrição reversa para o ADN complementar de cadeia simples (cDNA) utilizando o kit de transcrição reversa de microARN. O RNU6B foi igualmente transcrito de forma reversa para ser utilizado como gene de controlo endógeno para normalizar os valores de expressão. Os componentes do kit de transcrição reversa, bem como o ARN extraído de cada amostra, foram descongelados em gelo e misturados em vórtex para assegurar uma ressuspensão adequada. Após a preparação de uma mistura principal de reação de transcrição reversa para cada amostra, como indicado na tabela 6, foram adicionados 1,5 µl dos iniciadores RT em anel do ensaio Taqman MicroRNA à mistura principal, seguidos de 5 µl do ARN total. Finalmente, os tubos de PCR foram colocados no termociclador com uma tampa aquecida (Biometra), cujo perfil térmico foi ajustado conforme indicado na tabela 7. Todas as amostras de cDNA foram armazenadas no congelador a -20° C até à análise por RT-PCR.

Componente	**Volume**
Água sem nuclease	5,66 µl
Tampão de transcrição reversa	1,5 µl
Enzima de transcrição reversa	1 µl
Inibidor de RNAse	0,19 µl
dNTP	0,15 µl

Total	8,5 µl /reação

Tabela 6: componentes da mistura principal de transcrição reversa com os respectivos volumes utilizados numa reação.

Etapa	Temperatura (^{o} C)	Tempo (minutos)
Ativação enzimática	16	30
Recozimento	42	30
Inativação enzimática	85	5
Arrefecimento	4	∞

Tabela 7: Perfil térmico para a transcrição reversa de microRNAs

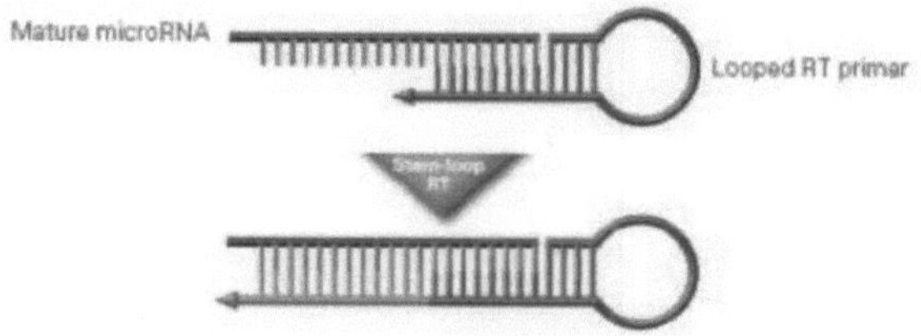

Figura 12: Transcrição reversa do miRNA em cDNA

Para a transcrição reversa do microARN, é utilizado um iniciador RT de ansa de haste. Este iniciador é específico apenas para o miRNA maduro e funciona para estender a sua extremidade 5', facilitando assim a sua transcrição reversa e tornando viável uma amplificação PCR subsequente.

4.3.8.2 Transcrição reversa do ARNm em ARNc

Os mRNAs, a partir do RNA total extraído, foram transcritos reversamente para o cDNA de cadeia simples utilizando o kit de transcrição reversa de cDNA de alta capacidade. O 18srRNA ou a β-actina foram utilizados como genes de controlo endógenos para normalizar os valores de expressão. Cada componente do kit de transcrição reversa, bem como o ARN extraído de cada amostra, foi descongelado em gelo e misturado por agitação em vórtice para assegurar uma ressuspensão adequada. Foi preparado um tubo de reação para cada amostra, conforme indicado na tabela 8. Finalmente, os tubos de PCR foram colocados num termociclador com uma tampa aquecida (Biometra), cujo perfil térmico foi ajustado conforme indicado na tabela 9. Todas as amostras de cDNA foram armazenadas num congelador a -20° C até à análise por RT-PCR.

Componente	Volume
Água sem nuclease	5,2 µl

Tampão de transcrição reversa	2 µl
Enzima de transcrição reversa	1 µl
Hexâmeros aleatórios	1 µl
dNTP	0,8 µl
ARN total	10 µl

Total20 µl /reação

Quadro 8: Componentes, com os respectivos volumes, utilizados num tubo de reação para a transcrição reversa do ARNm

Etapa	**Temperatura (^{o} C)**	**Tempo (minutos)**
Ativação enzimática	25	10
Recozimento	37	120
Inativação enzimática	85	5
Arrefecimento	4	∞

Tabela 9: Perfil térmico para transcrição reversa de mRNAs

4.3.9 Análise quantitativa

4.3.9.1 Princípio da análise quantitativa utilizando a reação em cadeia da polimerase em tempo real Taqman

O ensaio Taqman microRNA e o ensaio Taqman de expressão genética foram utilizados para a análise quantitativa do microRNA e da expressão genética utilizando a reação em cadeia da polimerase em tempo real (RT-PCR), também conhecida como PCR quantitativa (qPCR). Cada ensaio Taqman inclui dois primers PCR não marcados, um direto e outro inverso, específicos para o microARN ou para o gene, bem como uma sonda Taqman MGB. Ligado à extremidade 5' desta sonda está um corante repórter fluorescente e ligado à extremidade 3' da sonda está um ligante de sulco menor (MGB) e um supressor não fluorescente (NFQ). Quando intacto, o corante repórter está muito próximo do corante supressor, o que leva à supressão da sua fluorescência principalmente por transferência de energia do tipo Forster. Durante a PCR, a sonda hibridiza-se com uma grande especificidade com a sua sequência complementar entre os sítios dos iniciadores direto e inverso. Isto leva à clivagem da sonda pela DNA polimerase, que separa os corantes supressor e repórter, aliviando a supressão imposta pelo supressor sobre o repórter e aumentando a fluorescência do corante repórter.

4.3.9.2 Análise quantitativa da expressão de miRNA

A expressão do miR-27a* maduro foi quantificada por RT-PCR. Os reagentes utilizados foram o ensaio Taqman miR-27a* (Applied Biosystems), o ensaio RNU6B (Applied Biosystems), que foi utilizado como gene endógeno de manutenção, o Taqman 2x universal PCR Master Mix, o corante de referência Rox para normalizar as flutuações de poço para poço não relacionadas com a reação de PCR. As sondas utilizadas para o microARN e o RNU6B foram ambas marcadas com o corante repórter FAM, razão pela qual a análise do microARN alvo e do controlo endógeno teve de ser efectuada em dois tubos de PCR separados. Todos os reagentes, bem como as amostras de cDNA, foram descongelados em gelo e agitados em vórtex para ressuspensão. Dentro de cada tubo de PCR, foi preparada uma mistura de reação para cada amostra, de acordo com a tabela 10, após o que foi adicionado 1,33 µl do cADN previamente preparado. Os tubos de PCR foram colocados no aparelho StepOne® Real Time PCR (Applied Biosystems).

Componente	**Volume (µl)**
Água sem nuclease	7.27
Taqman 2x Universal PCR Master Mix	10
Corante de referência Rox	0.4
Ensaio de microRNA Taqman (20x)	1
Total	**18,67 µl/reação**

Quadro 10: componentes da mistura de reação PCR com os volumes correspondentes necessários para preparar uma reação para análise quantitativa de microARN

O software do sistema StepOne ligado ao aparelho foi utilizado para gerar e obter o limiar do ciclo (Ct) de cada amostra, que é o número de ciclos fraccionados em que a fluorescência produzida excede uma linha de limiar. Cada limiar de ciclo obtido foi subsequentemente utilizado para a quantificação do produto de amplificação através do método do limiar de ciclo comparativo, também conhecido por ΔΔ Ct. Este método consiste em comparar o valor Ct da amostra de interesse, que é a amostra do doente com LES, com o valor Ct de um calibrador, que é a amostra de controlo saudável. Antes de utilizar o método ΔΔ Ct, os valores Ct das amostras de interesse e do calibrador foram normalizados em relação ao gene endógeno de manutenção RNU6B.

Δ Ct é a diferença nos ciclos limiares entre o microARN-alvo e o controlo endógeno RNU6B.

Δ Ct (doente com LES) = Ct (alvo) - Ct (RNU6B)

Δ Ct (controlo saudável) = Ct(alvo) - Ct (RNU6B)

$\Delta\Delta$ Ct é a diferença em Δ Ct entre a amostra de interesse (doente com LES) e o calibrador (controlos saudáveis).

$\Delta\Delta$ Ct = Δ Ct (doente com LES) - Δ Ct (controlo saudável)

A quantificação relativa da expressão de microRNA foi obtida através da seguinte fórmula:

$RQ = 2^{-\Delta\Delta Ct}$

4.3.9.3 Análise quantitativa da expressão do ARNm

A expressão dos ARNm de NKG2D e ULBP2 foi também quantificada por RT-PCR. Os reagentes utilizados foram os ensaios de expressão Taqman NKG2D e ULBP2 (Applied Biosystems), o ensaio 18srRNA ou β-actina (Applied Biosystems), que foi utilizado como gene endógeno de manutenção, o Taqman 2x universal PCR Master Mix, o corante de referência Rox e as amostras de cDNA. As sondas utilizadas para NKG2D e ULBP2 foram marcadas com o corante repórter FAM. As sondas utilizadas para o 18srRNA e a β-actina foram também marcadas com o corante repórter VIC, permitindo assim a análise do gene alvo e do controlo endógeno simultaneamente no mesmo tubo de PCR, no que é conhecido como PCR multiplex em tempo real. Todos os reagentes, bem como as amostras de cDNA, foram descongelados em gelo e agitados em vórtex para ressuspensão. Dentro de cada tubo de PCR, foi preparada uma mistura de reação para cada amostra de acordo com a tabela 11, após o que foram adicionados 5 µl do cDNA previamente preparado. Os tubos de PCR foram colocados no aparelho de PCR em tempo real StepOne (Applied Biosystems).

Componente	**Volume (µl)**
Água livre de RNAse	4.6
Taqman 2x Universal PCR Master Mix	12.5
Corante de referência Rox	0.4
Ensaio de expressão génica Taqman (20x)	1.25
Ensaio de B-actina ou18srRNA	1.25
Total	**20 µl/reação**

Tabela 11: Componentes da mistura de reação PCR com os volumes correspondentes necessários para preparar uma reação para deteção quantitativa da expressão genética

Os valores Ct obtidos para os doentes e para os controlos saudáveis foram primeiro normalizados para o controlo endógeno utilizando as seguintes equações:

Δ Ct (doente com LES) = Ct (alvo) - Ct (β-actina ou 18srRNA)

Δ Ct (controlo saudável) = Ct (alvo) - Ct (β-actina ou18srRNA)

O valor Δ Ct de cada doente foi então comparado com o valor Δ Ct médio dos controlos saudáveis, do seguinte modo

$\Delta\Delta$ Ct = Δ Ct (doente com LES) - Δ Ct (controlo saudável)

A quantificação relativa da expressão genética foi obtida através da seguinte fórmula:

$RQ = 2^{-\Delta\Delta Ct}$

4.3.10 Análise estatística

Todos os dados são expressos como médias de quantificação relativa. Para efeitos de comparação entre dois grupos de estudo diferentes, foi utilizado o teste não paramétrico de Mann-Whitney. As análises de correlação foram efectuadas utilizando o teste de correlação de Spearman. Todos os dados foram considerados estatisticamente significativos se o valor de P fosse menor ou igual a 0,05. O software GraphPad Prism foi utilizado para efetuar todas as análises estatísticas.

5. Resultados

1.1 Expressão de NKG2D

1.1.1 Expressão de NKG2D nas PBMCs de doentes com LES e controlos

A expressão do recetor NKG2D ao nível do ARNm foi examinada nos PBMCs de doentes pediátricos com LES e controlos saudáveis utilizando RT-PCR. Os doentes apresentaram uma expressão significativamente reduzida do ARNm do recetor NKG2D nos seus PBMC (valor P = 0,0185) em comparação com os controlos, com uma quantificação relativa média de 0,58 (N=10) e 1,26 (N=7), respetivamente (figura 13).

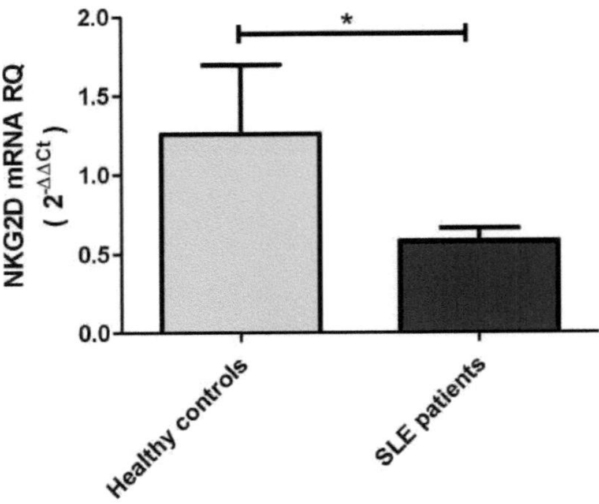

Figure 13: Expressão do ARNm do NKG2D nas PBMCs

Em PBMCs de doentes com LES, observou-se uma regulação negativa significativa dos níveis de NKG2D ao nível do ARNm em comparação com controlos saudáveis.

5.1.2 Expressão de NKG2D nas células PBNK de doentes com LES e controlos

A expressão do recetor NKG2D ao nível do ARNm foi examinada no subconjunto de células PBNK de doentes pediátricos com LES e de controlos saudáveis utilizando RT-PCR. Os doentes apresentaram uma expressão significativamente reduzida do ARNm do recetor NKG2D nas suas PBNK (valor P = 0,0424) em comparação com os controlos, com uma quantificação relativa média de 0,42 (N=7) e 1,02 (N=4), respetivamente (figura 14).

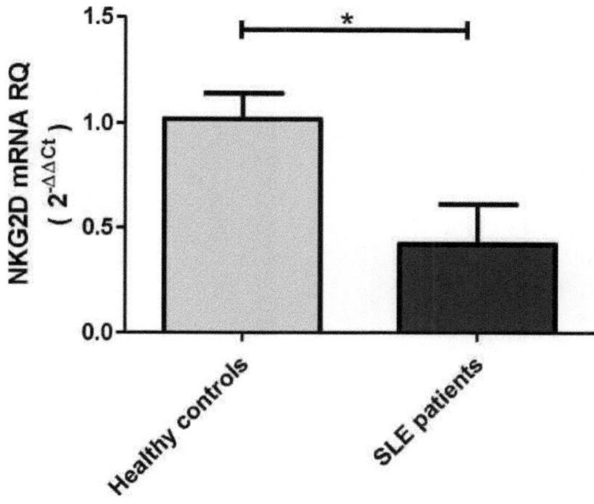

Figure 14: Expressão de NKG2D nas células PBNK

As células PBNK do LES apresentaram uma regulação negativa significativa dos níveis do ARNm NKG2D em comparação com as células de controlos saudáveis.

14.2 Identificação do miR-27a* como um possível regulador do NKG2D através de análise in silico

Dada a capacidade de os miRNAs regularem uma vasta gama de alvos, o 3'UTR do gene NKG2D foi analisado em busca de potenciais sítios-alvo de miRNA utilizando o algoritmo em linha Miranda. Verificou-se que o miR-27a* tinha um sítio de ligação putativo no 3'UTR do mRNA do NKG2D (figura 15).

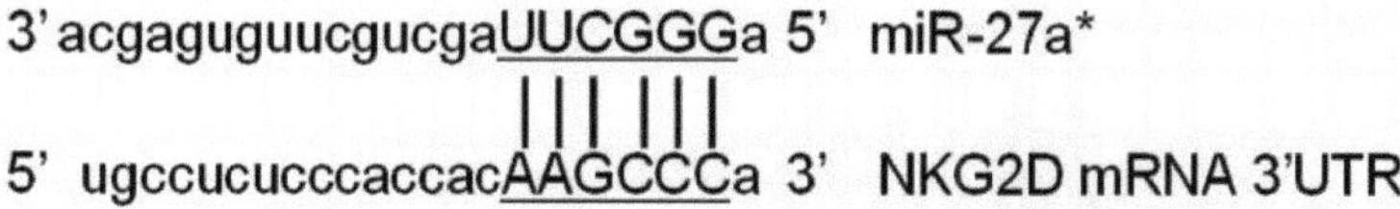

Figura 15: Alinhamento previsto do miR-27a* e da 3'UTR do ARNm do NKG2D O alinhamento mostra a sequência de semente heptamérica do miR-27a* que se prevê que se ligue à 3'UTR do ARNm do NKG2D.

14.3 Expressão de miR-27a

14.3.1 Expressão do miR-27a* nas PBMCs de doentes com LES e controlos

O estado de expressão do miR-27a* foi investigado em PBMCs de doentes com LES e controlos saudáveis utilizando RT-PCR. Verificou-se que as PBMC de doentes com LES apresentavam uma expressão significativamente mais elevada do miR-27a* em comparação com controlos saudáveis (valor de P = 0,042), com uma quantificação relativa média de 6,02 (N=10) e 3,25 (N=6), respetivamente (figura 16).

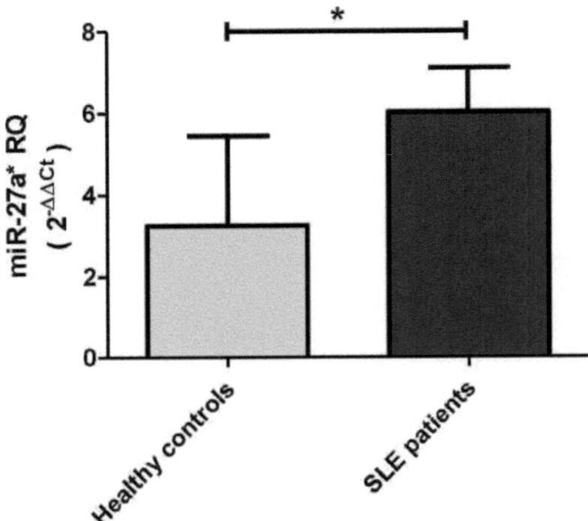

Figura 16: Expressão do miR-27a* nas PBMCs de doentes com LES e controlos O miR-27a* foi significativamente sobreexpresso nas PBMCs de doentes em comparação com controlos saudáveis.

14.3.2 Expressão de miR-27a* nas células PBNK de doentes com LES e controlos

A expressão do miR-27a* no subconjunto de células PBNK de doentes com LES e de controlos foi avaliada por RT-PCR. As células PBNK de doentes com LES mostraram uma regulação positiva significativa deste miRNA em comparação com as células PBNK de controlos saudáveis (valor de P = 0,0312) com uma quantificação relativa média de 6,37 (N=9) e 1,02 (N=6), respetivamente (figura 17).

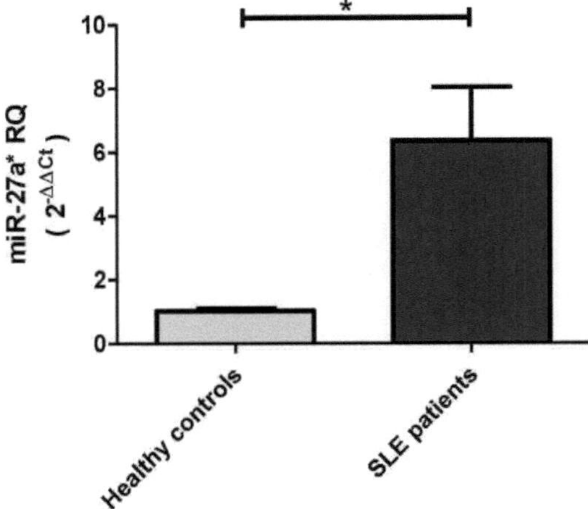

Figura 17: Expressão do miR-27a* nas células PBNK de doentes com LES e controlos

As células PBNK do LES mostraram uma expressão significativamente aumentada do miR-27a* em comparação com os controlos saudáveis.

14.3.3 Correlação entre a expressão de NKG2D e miR-27a* em doentes com LES

A expressão de NKG2D ao nível do ARNm nas PBMCs de doentes com LES foi correlacionada com a expressão de miR-27a* nas PBMCs dos doentes correspondentes. Como se pode ver na figura 18, não foi observada qualquer correlação (valor de P = 0,6191) entre os dois parâmetros estudados (valor de r de Spearman = 0,2036).

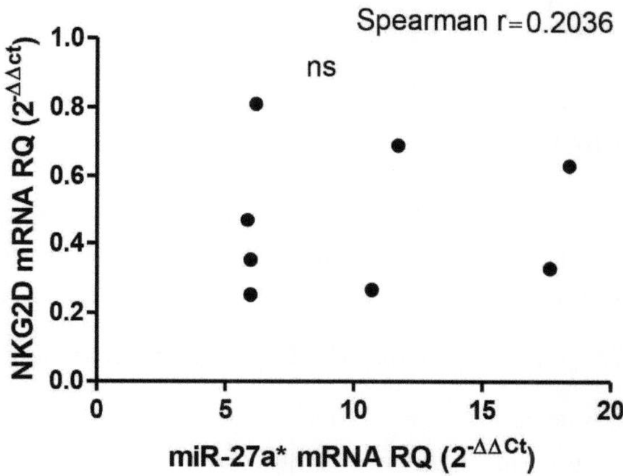

Figure 18: Correlação entre a expressão de NKG2D e miR-27a* nas PBMCs de doentes com LES.

Não foi observada qualquer correlação entre a expressão de miR-27a* e a expressão de NKG2D nas PBMCs de doentes com LES.

5.3.4 Correlação entre NKG2D e as pontuações SLEDAI de doentes com LES

A expressão de NKG2D ao nível do ARNm nas PBMCs de doentes com LES foi correlacionada com o índice de atividade da doença dos doentes correspondentes utilizando a análise de correlação de Spearman. A expressão do ARNm do NKG2D revelou ter uma correlação negativa significativa com as pontuações do SLEDAI dos doentes, com um valor de P de 0,033 e um valor de r de Spearman de - 0,6727 (figura 19).

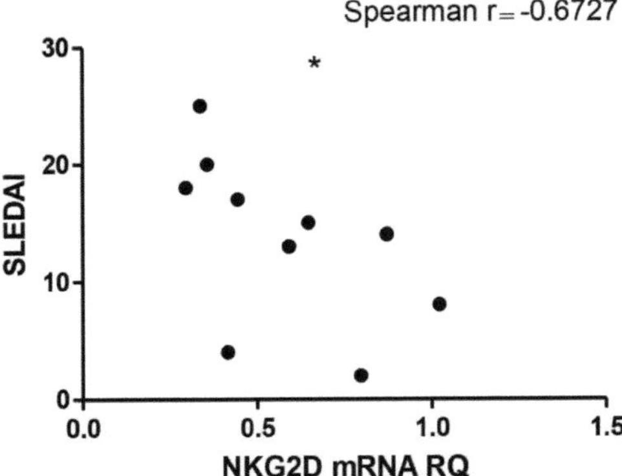

Figure 19: Correlação entre a expressão de NKG2D e as pontuações do SLEDAI. A expressão do ARNm do NKG2D nas PBMCs de doentes com LES revelou ter uma correlação inversa significativa com as pontuações do SLEDAI dos doentes correspondentes.

5.4 Correlação entre o miR-27a * e as pontuações SLEDAI dos doentes com LES

A expressão do miR-27a* nas PBMCs de doentes com LES foi correlacionada com o índice de atividade da doença dos doentes correspondentes utilizando a análise de correlação de Spearman (figura 20). Foi encontrada uma correlação inversa significativa entre a expressão do miR-27a* e as pontuações do SLEDAI dos doentes correspondentes com um valor de P de 0,0435 e um valor de r de Spearman de - 0,6463 (figura 20).

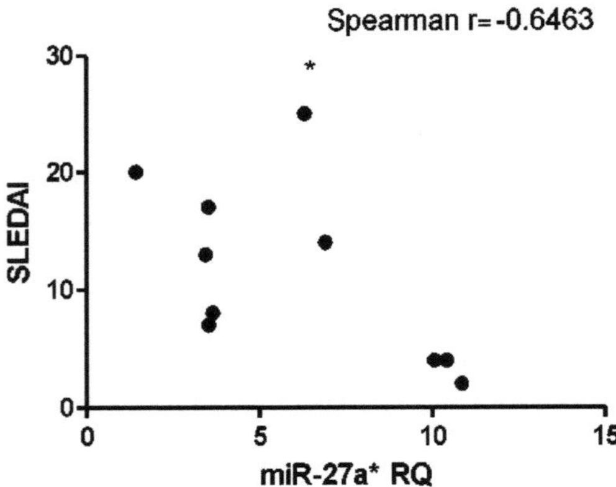

Figure 20: **Correlação entre a expressão de miR-27a* nas PBMCs de doentes com LES e as pontuações SLEDAI dos doentes correspondentes.**

Foi observada uma correlação negativa significativa entre a expressão do miR-27a* e as pontuações

SLEDAI dos doentes com LES.

5.5 Experiências de ganho e perda de função do miR-27a*

5.5.1 Efeito da manipulação do miR-27a* na expressão de NKG2D em PBMCs de doentes com LES

Para determinar se o miR-27a* tinha impacto na expressão de NKG2D em PBMCs de doentes com LES, foram realizadas experiências de ganho de função e de perda de função através da transfecção de PBMCs de doentes com LES com mímicos e antagomizadores do miR-27a*, respetivamente. A eficiência da transfecção da mimetização do miR-27a* foi confirmada medindo a quantificação relativa deste miRNA em PBMCs mimetizadas em comparação com as não transfectadas. Verificou-se que o aumento da expressão do miR-27a* era de cerca de 4414 vezes (figura 21).

Os efeitos sobre a expressão de NKG2D mostraram que, por um lado, o ganho de função do miR-27a* resultou num aumento significativo da expressão de NKG2D em comparação com as mock não transfectadas (valor de P = 0,0499) com uma quantificação relativa média de 28,95 (N=8) e 5,06 (N=8), respetivamente. Por outro lado, a perda de função do miR-27a* não teve um impacto significativo na expressão de NKG2D em comparação com as PBMCs simuladas não transfectadas (valor de P = 0,28) com uma quantificação relativa média de 7,48 (N=7) e 5,06 (N=8), respetivamente (figura 22).

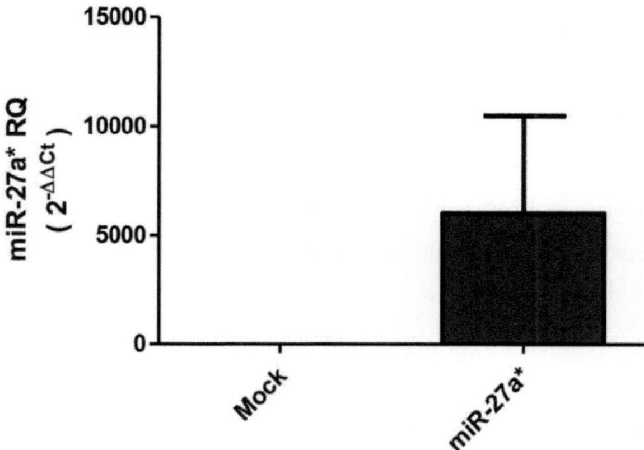

Figure 21: Eficiência da transfecção de mimetizadores do miR-27a* em PBMCs de doentes com LES

A transfecção de PBMCs com mímicos do miR-27a* aumentou os níveis deste miRNA em 4414 vezes em comparação com o mock.

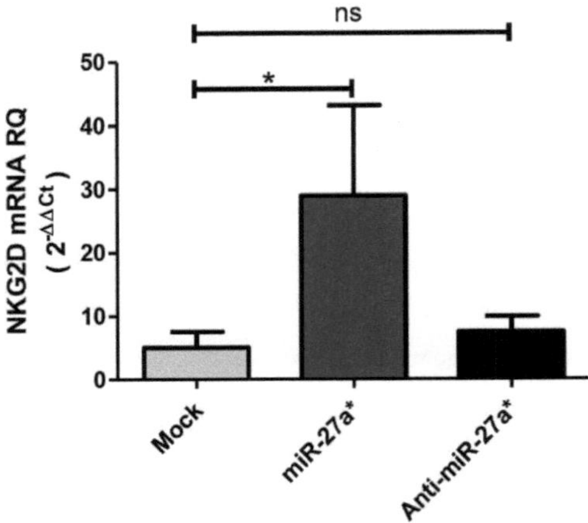

Figure 22: Experiências de ganho e perda de função do miR-27a* em PBMCs de doentes com LES

A transfecção de PBMCs de doentes com LES com mímicos do miR-27a* resultou num aumento significativo da expressão de NKG2D em comparação com PBMCs não transfectados. Não foi observada qualquer significância nas PBMCs transfectadas com antagomirs de miR-27a* em comparação com células não transfectadas.

5.5.2 Efeito da manipulação do miR-27a* na expressão de NKG2D em células PBNK de doentes com LES

Para avaliar se o miR-27a* tem impacto na expressão de NKG2D em células PBNK de doentes com LES, foram realizadas experiências de ganho de função e de perda de função através da transfecção de células PBNK de doentes com LES com mimetizadores e antagomizadores do miR-27a*, respetivamente. A eficiência da transfecção do mimetizador do miR-27a* foi verificada medindo a quantificação relativa deste miRNA nas células PBNK mimetizadas em comparação com as não transfectadas. Verificou-se que o aumento da expressão do miR-27a* era de cerca de 1075 vezes (figura 23).

Por um lado, o ganho de função do miR-27a* produziu um aumento significativo da expressão de NKG2D em comparação com as células PBNK não transfectadas (valor de P = 0,0238) com uma quantificação relativa média de 6,61 (N=3) e 1,16 (N=6), respetivamente. Por outro lado, a perda de função do miR-27a* não teve um impacto significativo na expressão de NKG2D em comparação com as células PBNK não transfectadas (valor de P = 0,9372) com uma quantificação relativa média de 0,98 (N=6) e 1,16 (N=6), respetivamente (figura 24).

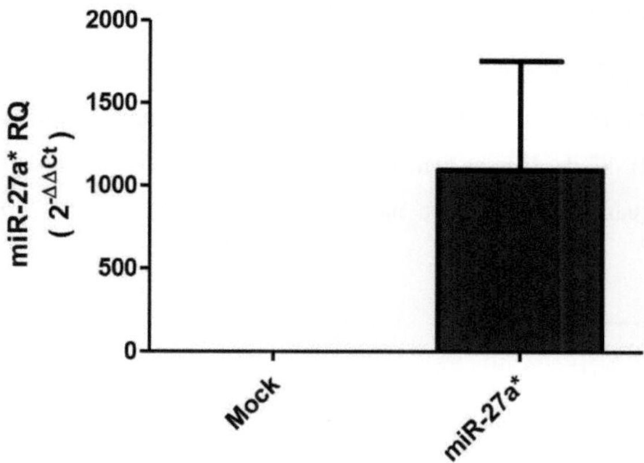

Figure 23: Eficiência da transfecção de mimetizadores do miR-27a* em células PBNK de doentes com LES

A transfecção de células PBNK com mímicos do miR-27a* aumentou os níveis deste miRNA em 1075 vezes em comparação com o mock.

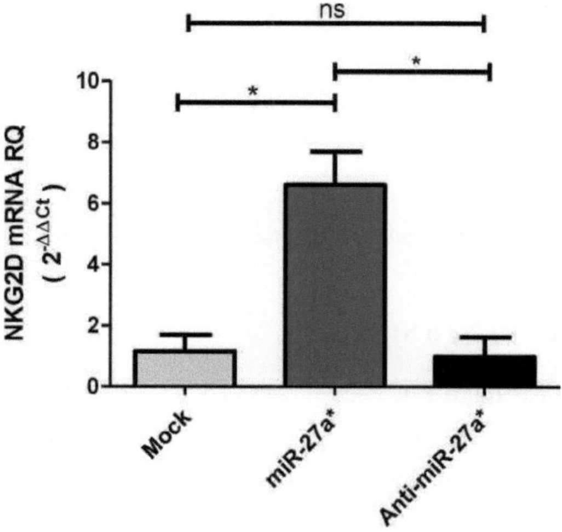

Figure 24: Experiências de ganho e perda de função do miR-27a* nas células PBNK de doentes com LES

A transfecção das células PBNK de doentes com LES com mímicos do miR-27a* resultou num aumento significativo da expressão de NKG2D em comparação com células PBNK não transfectadas. Não foi observada qualquer significância para as células PBNK transfectadas com antagomirs de miR-27a* em comparação com células não transfectadas.

5.6 Expressão de ULBP2 nos PBMCs de doentes com LES e controlos

A expressão constitutiva do NKG2DL, ULBP2, foi investigada nos PBMCs de doentes com LES e controlos saudáveis utilizando RT-PCR. O ARNm de ULBP2 teve uma expressão significativamente mais baixa nos PBMC de doentes com LES em comparação com os controlos (valor de P = 0,0053) com uma quantificação relativa média de 0,23 (N=13) e 2,35 (N=8), respetivamente (figura 25).

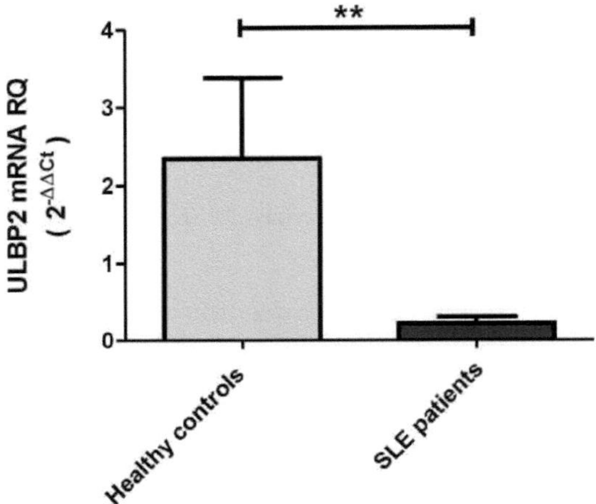

Figure 25: Expressão constitutiva do ARNm de ULBP2 nos PBMCs de doentes com LES e controlos saudáveis

Observou-se que a expressão do ARNm de ULBP2 estava significativamente diminuída nas PBMCs de doentes com LES em relação aos controlos.

5.7 Correlação entre a expressão de ULBP2 e o SLEDAI

A expressão de ULBP2 ao nível do ARNm nas PBMCs de doentes com LES foi correlacionada com as pontuações SLEDAI dos doentes correspondentes utilizando a análise de correlação de Spearman. Verificou-se que os dois parâmetros investigados tinham uma correlação negativa significativa com um valor r de Spearman de -0,5824 e um valor P de 0,0367 (figura 26).

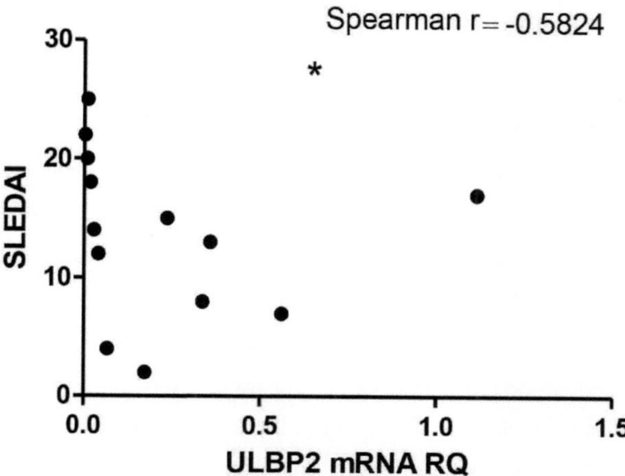

Figure 26: Correlação entre a expressão de ULBP2 e as pontuações do SLEDAI

Foi observada uma correlação negativa significativa entre a expressão do ARNm do ULBP2 em doentes com LES e as pontuações do SLEDAI dos doentes correspondentes.

6. Discussão

Apesar da sua contribuição algo obscura na patogénese do LES, as células NK têm um papel claro na regulação da resposta imunitária, matando células-alvo e segregando citocinas. No LES, vários estudos sublinharam a citotoxicidade deficiente das células NK.[107, 109] Uma vez que o NKG2D é um potente ativador da citotoxicidade das células NK e que também é expresso nas células T CD8+ e γδ, onde funciona como um co-estimulador, era urgente avaliar a expressão deste recetor nas PBMCs e, mais importante ainda, nas células NK dos doentes com LES. O nosso estudo evidenciou uma regulação negativa do NKG2D nas células NK e nas PBMC de doentes com LES. Este facto está em consonância com um estudo de Puxxedu *et al.*[112] e outro de Li *et al*, [111] que também revelaram um resultado semelhante em doentes adultos com LES. No entanto, a nossa descoberta discorda ligeiramente de um estudo anterior que mostrou uma expressão comparável do recetor NKG2D em células NK ^{CD56bright} de doentes com LES e controlos saudáveis.[113] Esta discrepância poderá ser explicada pelo facto de, no nosso estudo, a expressão de NKG2D ter sido estudada em células NK do sangue periférico, que são constituídas por cerca de 95% de células NK CD56^{dim} e apenas 5% de células NK ^{CD56bright}.[72] Foi encontrada uma correlação negativa significativa entre a expressão de NKG2D nas PBMCs de doentes com LES e as pontuações do SLEDAI, o que constitui uma forte indicação de que este recetor poderia estar de alguma forma implicado na patogénese do LES e nega a conclusão mencionada numa revisão de Van Belle *et. al*, segundo a qual "É improvável que o NKG2D tenha um papel crucial na patogénese do lúpus".[147]

Dado o seu potencial previamente revelado na regulação da citotoxicidade das células NK [122] para além da sua previsão como alvo na 3'UTR do NKG2D pelo software online Miranda, foi importante investigar a expressão do miR-27a* em PBMCs e células NK de doentes com LES e realizar experiências de ganho e perda de função. Este é o primeiro estudo a demonstrar que o miR-27a* está sobreexpresso nas PBMCs e nas células NK de doentes com LES em comparação com indivíduos saudáveis. Se juntarmos a atual sobre-regulação observada do miR-27a* nas células NK de doentes com LES à já mencionada capacidade deste miRNA para reduzir a expressão de perforinas e granzimas[122]O miR-27a*, que é um dos principais genes do miRNA, poderia fornecer uma pista para a diminuição da expressão de perforina e granzimas pelas células NK em doentes com LES[109]mas este facto tem de ser investigado mais aprofundadamente. Ao correlacionar a expressão do miR-27a* nas PBMCs de doentes com LES com as pontuações do SLEDAI, observou-se uma correlação negativa significativa, insinuando que poderia estar envolvido negativamente na patogénese do LES. Esta correlação negativa com a pontuação SLEDAI pode ser atribuída à regulação positiva do miR-27a* como mecanismo compensatório, numa tentativa de aumentar os seus níveis de expressão em doentes com LES, mas este aumento não atingiu o limiar para alterar a expressão de NKG2D.

Este estudo é o primeiro do seu género a manobrar a expressão de um miRNA, tanto nas células NK como nos PBMCs de doentes com LES, lado a lado, através da utilização de mímicos e antagomirs. Forçar a expressão do miR-27a* utilizando mímicos resultou num aumento significativo da expressão de NKG2D, tanto nas células NK como nos PBMCs de doentes com LES. Esta descoberta desafia uma anterior de Kim *et al.*[122] que descreveu o efeito da sobreexpressão do miR-27a* no padrão de expressão do NKG2D como sendo "reduzido". A ausência de quaisquer efeitos significativos observáveis dos antagomirs do miR-27a* na expressão de NKG2D está, de alguma forma, em consonância com o pouco efeito observado na expressão de NKG2D após a supressão do miR-27a*, que também foi relatado por Kim *et al.* Os resultados divergentes do ganho de função do miR-27a* observados no nosso estudo em comparação com o estudo de Kim *et al.* podem ser interpretados pela heterogeneidade das fontes a partir das quais as células NK manipuladas foram obtidas em ambos os estudos. No nosso estudo, as células NK manipuladas foram isoladas de PBMCs de doentes com LES, ao passo que no estudo de Kim *et al.* as células NK manipuladas eram células NK diferenciadas in vitro e linhas de células NK.

Tradicionalmente, os miRNAs resultam na repressão da expressão genética e não na indução, o que torna esta descoberta pouco ortodoxa. No entanto, provas recentes têm sugerido que os miRNAs também podem causar indução de genes; isto pode ocorrer através da ligação do miRNA ao seu sítio-alvo tipicamente conhecido, que é o 3' UTR, ou através da ligação a outro sítio-alvo, que é o 5'UTR. No nosso estudo, a notada regulação positiva da expressão do NKG2D após a imitação do miR-27a* implica que o miR-27a* não actuou através da ligação ao 3'UTR do mRNA do NKG2D, como previsto anteriormente. Numa tentativa de explicar esta descoberta utilizando bioinformática, foram concebidos dois cenários plausíveis. A primeira é que o miR-27a* poderia ter actuado ligando-se ao 5'UTR do ARNm do NKG2D em vez do 3'UTR, activando assim a sua expressão. Verificou-se que isto era possível utilizando o software em linha Bibiserv, que revelou a capacidade do miR-27a* para se ligar ao 5'UTR do ARNm NKG2D na posição 71 com uma energia de -20 kcal/mol, como se mostra na figura 27.

```
position 71

NKG2D    5' G   UUUAUC        AAUCA  AUCUU      C 3'
            GCU        CACAAG       AG      CCCU
miR-        CGA        GUGUUC       UC      GGGA
27a*     3' A                 G      GAUUC        5'

                mfe: -20.0 kcal/mol
```

Figure 27: Alinhamento previsto do miR-27a* e do 5'UTR do mRNA do NKG2D utilizando Bibiserv.

Outro cenário possível poderia ser a capacidade do miR-27a* para interagir com o 3'UTR de um repressor da expressão de NKG2D. Este facto foi apoiado pela ferramenta bioinformática Miranda, que mostrou que o 3'UTR do ARNm HMBOX1 é um possível alvo do miR-27a*, como se mostra na figura 28. O HMBOX1 é um fator de transcrição que foi recentemente identificado como um regulador negativo da expressão de NKG2D nas células NK.[148] Qualquer um destes dois cenários especulados é plausível, mas ambos necessitam de validação adicional.

```
3' acgaguguucgucgaUUCGGGa 5'  hsa-miR-27a*
                 ||||| ||
5' guauccauuaaacggAAGCCCc 3'  HMBOX1
```

Figure 28: Alinhamento previsto do miR-27a* e do 3'UTR do ARNm do HMBOXl utilizando o Miranda.

Foi demonstrado que os ligandos solúveis NKG2D, nomeadamente MICB, libertados pelas células T CD4+, regulam negativamente o recetor NKG2D nos linfócitos T CD8+.[98] Isto levantou a questão de saber se a expressão desregulada de NKG2D observada em células NK e PBMCs de doentes com LES poderia ser, num padrão semelhante, causada pela sobreexpressão dos ligandos NKG2D. Para responder a esta questão, foi tentado avaliar a expressão de ULBP2 nos PBMCs de doentes com LES. Tanto quanto sabemos, a expressão dos ligandos NKG2D nos PBMCs de doentes com LES em relação aos controlos nunca foi avaliada; por conseguinte, este estudo é o primeiro a relatar o padrão de expressão desregulado de um ligando NKG2D em doentes com LES em comparação com os controlos. A expressão do ARNm do ULBP2 foi significativamente reduzida nos doentes com LES. Esta descoberta foi uma resposta negativa à questão levantada anteriormente e parece inútil. No entanto, se olharmos para ela de um outro ponto de vista, esta descoberta pode explicar a diminuição da citotoxicidade observada nas células NK dos doentes com LES. Isto deve-se ao facto de os ligandos NKG2D ligados à superfície celular serem responsáveis por desencadear a citotoxicidade das células NK ao ligarem-se ao NKG2D.[149] No entanto, para obter resultados mais exactos, é necessário investigar futuramente a expressão de ULBP2 ligado à superfície celular e de outros NKG2DL. Além disso, a correlação negativa observada neste estudo entre a expressão do ARNm da ULBP2 em PBMCs e as pontuações do SLEDAI sugere a possibilidade de a utilizar como um biomarcador para detetar crises de LES.

Em conclusão, foi demonstrada neste estudo a existência de um padrão de expressão desregulado para o NKG2D e o seu ligando, ULBP2, em doentes com LES. Foi também demonstrado, pela primeira vez, que o miR-27a* tem uma expressão aberrante nas PBMCs e nas células PBNK de doentes com LES em comparação com os controlos. Estes resultados são importantes porque podem ajudar a esclarecer o mecanismo da citotoxicidade deficiente das células NK em doentes com LES. Além disso, foi demonstrado que forçar a expressão de miR-27a* restaura a expressão de NKG2D em PBMCs e, pela primeira vez, em células PBNK de pacientes com LES. Assim, este estudo destaca o perfil de expressão do miR-27a* e o seu potencial alvo NKG2D, que é de importância primordial para a ativação das células NK no LES.

7. Referências

1. Bernknopf, A., K. Rowley, e T. Bailey, **A review of systemic lupus eritematoso e opções de tratamento actuais**. *Formulary Journal*, 2011. 46: p. 178-194.

2. Pons-Estel, G.J., et al., **Understanding the epidemiology and progression of lúpus eritematoso sistémico**. *Semin Arthritis Rheum*, 2010. 39(4): p. 25768.

3. Faller, G., et al., **Demografia e características clínicas da infância lúpus eritematoso sistémico**. *S Afr Med J*, 2005. 95(6): p. 424-7.

4. Mina, R. e H.I. Brunner, **Pediatric lupus--are there differences in apresentação, genética, resposta à terapia e acumulação de danos em comparação com o lúpus do adulto?** *Rheum Dis Clin North Am*, 2010. 36(1): p. 53-80, vii-viii.

5. Salah, S., et al., **Systemic lupus erythematosus in Egyptian children (Lúpus eritematoso sistémico em crianças egípcias)**. *Rheumatol Int*, 2009. 29(12): p. 1463-8.

6. Chakravarty, E.F., et al., **Prevalência do lúpus eritematoso sistémico do adulto na Califórnia e na Pensilvânia em 2000: estimativas obtidas com base em dados de hospitalização**. *Arthritis Rheum*, 2007. 56(6): p. 2092-4.

7. Kang, I., et al., **Controlo defeituoso da infeção latente pelo vírus Epstein-Barr em lúpus eritematoso sistémico**. *J Immunol*, 2004. 172(2): p. 1287-94.

8. Poole, B.D., et al., **O vírus Epstein-Barr e o mimetismo molecular na doença sistémica lúpus eritematoso**. *Autoimmunity*, 2006. 39(1): p. 63-70.

9. Casciola-Rosen, L.A., G. Anhalt, e A. Rosen, **Autoantigénios visados em O lúpus eritematoso sistémico está agrupado em duas populações de estruturas de superfície em queratinócitos apoptóticos**. *J Exp Med*, 1994. 179(4): p. 1317-30.

10. Munoz, L.E., et al., **SLE--a disease of clearance deficiency?** *Rheumatology (Oxford)*, 2005. 44(9): p. 1101-7.

11. Lee, B.H., et al., **A procainamida é um inibidor específico do ADN metiltransferase 1**. *J Biol Chem*, 2005. 280(49): p. 40749-56.

12. Deng, C., et al., **A hidralazina pode induzir a autoimunidade através da inibição da**

sinalização da via da quinase regulada por sinal extracelular. *Arthritis Rheum*, 2003. 48(3): p. 746-56.

13. Sequeira, J.F., et al., **Lúpus eritematoso sistémico: hormonas sexuais em doentes do sexo masculino**. *Lupus*, 1993. 2(5): p. 315-7.

14. Doria, A., et al., **Steroid hormones and disease activity during pregnancy in systemic lupus erythematosus**. *Arthritis Rheum*, 2002. 47(2): p. 202-9.

15. Smith-Bouvier, D.L., et al., **A role for sex chromosome complement in the female bias in autoimmune disease**. *J Exp Med*, 2008. 205(5): p. 1099-108.

16. Grewal, I.S., et al., **Requirement for CD40 ligand in costimulation induction, T cell activation, and experimental allergic encephalomyelitis**. *Science*, 1996. 273(5283): p. 1864-7.

17. Xu, J., et al., **Camundongos com deficiência do ligante CD40**. *Immunity*, 1994. 1(5): p. 423-31.

18. Devi, B.S., et al., **Peripheral blood lymphocytes in SLE--hyperexpression of CD154 on T and B lymphocytes and increased number of double negative T cells**. *J Autoimmun*, 1998. 11(5): p. 471-5.

19. Alarcon-Segovia, D., et al., **Familial aggregation of systemic lupus erythematosus, rheumatoid arthritis, and other autoimmune diseases in 1,177 lupus patients from the GLADEL cohort**. *Arthritis Rheum*, 2005. 52(4): p. 1138-47.

20. Deapen, D., et al., **A revised estimate of twin concordance in systemic lupus erythematosus**. *Arthritis Rheum*, 1992. 35(3): p. 311-8.

21. Manderson, A.P., M. Botto e M.J. Walport, **The role of complement in the development of systemic lupus erythematosus**. *Annu Rev Immunol*, 2004. 22: p. 431-56.

22. Roozendaal, R. e M.C. Carroll, **Complement receptors CD21 and CD35 in humoral immunity**. *Immunol Rev*, 2007. 219: p. 157-66.

23. Ramos, P.S., et al., **Factores genéticos que predispõem ao lúpus eritematoso sistémico e à nefrite lúpica**. *Semin Nephrol*, 2010. 30(2): p. 164-76.

24. Manolio, T.A., et al., **Finding the missing heritability of complex diseases**. *Nature*, 2009. 461(7265): p. 747-53.

25. Slatkin, M., **Epigenetic inheritance and the missing heritability problem**. *Genetics*, 2009. 182(3): p. 845-50.

26. Absher, D.M., et al., **Genome-wide DNA methylation analysis of systemic lupus**

erythematosus reveals persistent hypomethylation of interferon genes e alterações na composição das populações de células T CD4+. *PLoS Genet*, 2013. 9(8): p. e1003678.

27. Hughes, T. e A.H. Sawalha, **O papel da variação epigenética na patogénese do lúpus eritematoso sistémico**. *Arthritis Res Ther*, 2011. 13(5): p. 245.

28. Zhao, M., et al., **RFX1 regula a expressão de CD70 e CD11a em células T lúpicas através do recrutamento da histona metiltransferase SUV39H1**. *Arthritis Res Ther*, 2010. 12(6): p. R227.

29. Firestein G.S., et al., *Kelley's textbook of rheumatology*. Oitava edição. 2008: Saunders.

30. Fauci, A.S., et al., *Harrison's principles of internal medicine*. sixteenth ed. 2004: McGraw Hill.

31. D.J., W. e H.B. H., *Duboi's Lupus Erythematosus*. sétima ed. 2006:

Lippincott Williams & Wilkins.

32. Madhok, R. e O. Wu, **Systemic lupus erythematosus**. *Clin Evid (Online)*, 2009. 2009.

33. Brunner, H.I., J. Huggins, e M.S. Klein-Gitelman, **Pediatric SLE--towards a comprehensive management plan**. *Nat Rev Rheumatol*, 2011. 7(4): p. 22533.

34. Manson, J.J. e A. Rahman, **Systemic lupus erythematosus**. *Orphanet J Rare Dis*, 2006. 1: p. 6.

35. Lam, G.K. e M. Petri, **Assessment of systemic lupus erythematosus (Avaliação do lúpus eritematoso sistémico)**. *Clin Exp Rheumatol*, 2005. 23(5 Suppl 39): p. S120-32.

36. Petri, M. e L. Magder, **Classification criteria for systemic lupus erythematosus: a review**. *Lupus*, 2004. 13(11): p. 829-37.

37. Griffiths, B., M. Mosca, e C. Gordon, **Assessment of patients with systemic lupus erythematosus and the use of lupus disease activity indices**. *Best Pract Res Clin Rheumatol*, 2005. 19(5): p. 685-708.

38. Luijten, R.K., et al., **The use of glucocorticoids in Systemic Lupus Erythematosus. Após 60 anos ainda é mais uma arte do que ciência**. *Autoimmun Rev*, 2013. 12(5): p. 617-28.

39. Baschant, U. e J. Tuckermann, **The role of the glucocorticoid recetor in inflammation and autoimmunity**. *Jornal de Bioquímica de Esteróides e Biologia Molecular*, 2010. 120: p. 69-75.

40. Fanouriakis, A., D.T. Boumpas, and G.K. Bertsias, **Balancing efficacy and toxicity of novel therapies in systemic lupus erythematosus**. *Expert Rev Clin Pharmacol*, 2011. 4(4): p. 437-51.

41. Reff, M.E., et al., **Depleção de células B in vivo por um anticorpo monoclonal humano de ratinho quimérico para CD20**. *Blood*, 1994. 83(2): p. 435-45.

42. Genovese, M.C., et al., **Ocrelizumab, um anticorpo monoclonal humanizado anti-CD20, no tratamento de doentes com artrite reumatoide: um estudo de fase I/II aleatorizado, cego, controlado por placebo e com variação de dose**. *Arthritis Rheum*, 2008. 58(9): p. 2652-61.

43. Carnahan, J., et al., **Epratuzumab, um anticorpo monoclonal humanizado que tem como alvo o CD22: caraterização das propriedades in vitro**. *Clin Cancer Res*, 2003. 9(10 Pt 2): p. 3982S-90S.

44. Wallace, D.J., et al., **A phase II, randomized, double-blind, placebo- controlled, dose-ranging study of belimumab in patients with active systemic lupus erythematosus**. *Arthritis Rheum*, 2009. 61(9): p. 1168-78.

45. Dall'Era, M., et al., **Níveis reduzidos de linfócitos B e de imunoglobulinas após o tratamento com atacicept em doentes com lúpus eritematoso sistémico: resultados de um ensaio multicêntrico, fase Ib, em dupla ocultação, controlado por placebo, com escalonamento da dose**. *Arthritis Rheum*, 2007. 56(12): p. 4142-50.

46. Rahman, A. e D.A. Isenberg, **Systemic lupus erythematosus**. *New England Journal of Medicine*, 2008. 358: p. 929-39.

47. Herrmann, M., et al., **Impaired phagocytosis of apoptotic cell material by monocyte-derived macrophages from patients with systemic lupus erythematosus**. *Arthritis Rheum*, 1998. 41(7): p. 1241-50.

48. Walport, M.J., **Complement and systemic lupus erythematosus**. *Arthritis Res Ther*, 2002. 4: p. S279-S293.

49. Munoz, L.E., et al., **Apoptosis in the pathogenesis of systemic lupus erythematosus**. *Lupus*, 2008. 17(5): p. 371-5.

50. Hooks, J.J., et al., **Immune interferon in the circulation of patients with autoimmune disease**. *N Engl J Med*, 1979. 301(1): p. 5-8.

51. Ronnblom, L., M.L. Eloranta, e G.V. Alm, **The type I interferon system in systemic lupus erythematosus**. *Arthritis Rheum*, 2006. 54(2): p. 408-20.

52. Yan, B., et al., **Células T reguladoras CD4+, CD25+ disfuncionais em lúpus eritematoso sistémico ativo não tratado secundário a células apresentadoras de antigénio produtoras de interferão-alfa**. *Arthritis Rheum*, 2008. 58(3): p. 801-12.

53. Blanco, P., et al., **Induction of dendritic cell differentiation by IFN-alpha in systemic**

lupus erythematosus. *Science*, 2001. 294(5546): p. 1540-3.

54. Niewold, T.B., et al., **High serum IFN-alpha activity is a heritable risk fator for systemic lupus erythematosus**. *Genes Immun*, 2007. 8(6): p. 492-502.

55. Lee, Y.H. and G.G. Song, **Association between the rs2004640 functional polymorphism of interferon regulatory fator 5 and systemic lupus erythematosus: a meta-analysis**. *Rheumatol Int*, 2009. 29(10): p. 1137-42.

56. Niewold, T.B. and W.I. Swedler, **Systemic lupus erythematosus arising during interferon-alpha therapy for cryoglobulinemic vasculitis associated with hepatitis C**. *Clin Rheumatol*, 2005. 24(2): p. 178-81.

57. Baechler, E.C., et al., **Assinatura de expressão de genes induzidos por interferão em células do sangue periférico de doentes com lúpus grave**. *Proc Natl Acad Sci U S A*, 2003. 100(5): p. 2610-5.

58. Krishnan, S., et al., **Expressão diferencial e associações moleculares de Syk nas células T do lúpus eritematoso sistémico**. *J Immunol*, 2008. 181(11): p. 8145-52.

59. Desai-Mehta, A., et al., **Hyperexpression of CD40 ligand by B and T cells in human lupus and its role in pathogenic autoantibody production**. *J Clin Invest*, 1996. 97(9): p. 2063-73.

60. Richardson, B., **DNA methylation and autoimmune disease**. *Clin Immunol*, 2003. 109(1): p. 72-9.

61. Crispin, J.C., et al., **Pathogenesis of human systemic lupus erythematosus: recent advances (Patogénese do lúpus eritematoso sistémico humano: avanços recentes)**. *Trends Mol Med*, 2010. 16(2): p. 47-57.

62. Munoz, L.E., et al., **The role of defective clearance of apoptotic cells in systemic autoimmunity**. *Nat Rev Rheumatol*, 2010. 6(5): p. 280-9.

63. Liossis, S.N., et al., **B cells from patients with systemic lupus erythematosus display anormal antigen recetor-mediated early signal transduction events**. *J Clin Invest*, 1996. 98(11): p. 2549-57.

64. Su, K., et al., **Expression profile of FcgammaRIIb on leukocytes and its dysregulation in systemic lupus erythematosus**. *J Immunol*, 2007. 178(5): p. 3272-80.

65. Cornall, R.J., et al., **Polygenic autoimmune traits: Lyn, CD22 e SHP-1 são elementos limitadores de uma via bioquímica que regula a sinalização e a seleção de BCR**. *Immunity*, 1998. 8(4): p. 497-508.

66. Takeda, K. e G. Dennert, **The development of autoimmunity in C57BL/6 lpr mice correlates with the disappearance of natural killer type 1-positive cells: evidence for their suppressive action on bone marrow stem cell proliferation, B cell immunoglobulin secretion, and autoimmune symptoms**. *J Exp Med*, 1993. 177(1): p. 155-64.

67. Zimmer, J., *Natural killer cells at the forefront of modern immunology (Células assassinas naturais na vanguarda da imunologia moderna)*. 2009: Springer.

68. Huang, Z., et al., **Envolvimento das células NK CD226+ na imunopatogénese do lúpus eritematoso sistémico**. *J Immunol*, 2011. 186(6): p. 3421-31.

69. French, A.R. e W.M. Yokoyama, **Natural killer cells and autoimmunity (Células assassinas naturais e autoimunidade)**. *Arthritis Res Ther*, 2004. 6(1): p. 8-14.

70. Cooper, M.A., T.A. Fehniger, e M.A. Caligiuri, **The biology of human natural killer-cell subsets**. *Trends Immunol*, 2001. 22(11): p. 633-40.

71. Dalbeth, N., et al., **CD56bright NK cells are enriched at inflammatory sites and can engage with monocytes in a reciprocal program of activation**. *J Immunol*, 2004. 173(10): p. 6418-26.

72. Ferlazzo, G., et al., **As células NK abundantes nos tecidos linfóides secundários humanos requerem ativação para expressar receptores semelhantes a Ig de células assassinas e tornarem-se citolíticas**. *J Immunol*, 2004. 172(3): p. 1455-62.

73. Maghazachi, A.A., **Insights into seven and single transmembrane-spanning domain receptors and their signaling pathways in human natural killer cells**. *Pharmacol Rev*, 2005. 57(3): p. 339-57.

74. Lanier, L.L., **NK cell recognition**. *Annu Rev Immunol*, 2005. 23: p. 225-74.

75. Vivier, E., et al., **Targeting natural killer cells and natural killer T cells in cancro**. *Nat Rev Immunol*, 2012. 12(4): p. 239-52.

76. Lotze, M.T. e A. Thomson, *Natural killer cells Basic science and clinical applications*. Primeira ed. 2009: Academic Press.

77. Morse, R.H., et al., **Lise mediada por células NK de oligodendrócitos humanos autólogos**. *J Neuroimmunol*, 2001. 116(1): p. 107-15.

78. Bettelli, E., et al., **Indução e funções efectoras das células T(H)17**. *Nature*, 2008. 453(7198): p. 1051-7.

79. Gutcher, I. e B. Becher, **APC-derived cytokines and T cell polarization in autoimmune**

inflammation. *J Clin Invest*, 2007. 117(5): p. 1119-27.

80. Laouar, Y., et al., **Transforming growth fator-beta controls T helper type 1 cell development through regulation of natural killer cell interferongamma**. *Nat Immunol*, 2005. 6(6): p. 600-7.

81. Pende, D., et al., **Expression of the DNAM-1 ligands, Nectin-2 (CD112) and poliovirus recetor (CD155), on dendritic cells: relevance for natural killer-dendritic cell interaction**. *Blood*, 2006. 107(5): p. 2030-6.

82. Nedvetzki, S., et al., **Reciprocal regulation of human natural killer cells and macrophages associated with distinct immune synapses**. *Blood*, 2007. 109(9): p. 3776-85.

83. Lunemann, A., et al., **Human NK cells kill resting but not activated microglia via NKG2D- and NKp46-mediated recognition**. *J Immunol*, 2008. 181(9): p. 6170-7.

84. Xu, W., et al., **Mechanism of natural killer (NK) cell regulatory role in experimental autoimmune encephalomyelitis**. *J Neuroimmunol*, 2005. 163(12): p. 24-30.

85. Chong, W.P., et al., **Natural killer cells become tolerogenic after interaction with apoptotic cells**. *Eur J Immunol*, 2010. 40(6): p. 1718-27.

86. Trivedi, P.P., et al., **As células NK inibem a proliferação de células T através da paragem do ciclo celular mediada por p21**. *J Immunol*, 2005. 174(8): p. 4590-7.

87. Shi, F.D. e L. Van Kaer, **Reciprocal regulation between natural killer cells and autoreactive T cells**. *Nat Rev Immunol*, 2006. 6(10): p. 751-60.

88. Raulet, D.H., **Roles of the NKG2D immunoreceptor and its ligands**. *Nat Rev Immunol*, 2003. 3(10): p. 781-90.

89. Lopez-Larrea, C., et al., **The NKG2D recetor: sensing stressed cells**. *Trends Mol Med*, 2008. 14(4): p. 179-89.

90. Srivastava, R.M., B. Savithri, and A. Khar, **Activating and inhibitory receptors and their role in natural killer cell function**. *Indian J Biochem Biophys*, 2003. 40(5): p. 291-9.

91. Garrity, D., et al., **The activating NKG2D recetor assembles in the membrane with two signaling dimers into a hexameric structure**. *Proc Natl Acad Sci U S A*, 2005. 102(21): p. 7641-6.

92. Lanier, L.L., **Up on the tightrope: natural killer cell activation and inhibition**. *Nat Immunol*, 2008. 9(5): p. 495-502.

93. Upshaw, J.L., et al., **NKG2D-mediated signaling requires a DAP10-bound Grb2-Vav1**

intermediate and phosphatidylinositol-3-kinase in human natural killer cells. *Nat Immunol*, 2006. 7(5): p. 524-32.

94. Gonzalez, S., V. Groh, e T. Spies, **Immunobiology of human NKG2D and its ligands**. *Curr Top Microbiol Immunol*, 2006. 298: p. 121-38.

95. Billadeau, D.D., et al., **NKG2D-DAP10 desencadeia a morte mediada por células NK humanas através de uma via reguladora independente de Syk**. *Nat Immunol*, 2003. 4(6): p. 557-64.

96. Andre, P., et al., **Análise comparativa da ativação das células NK humanas induzida pelos receptores NKG2D e de citotoxicidade natural**. *Eur J Immunol*, 2004. 34(4): p. 961-71.

97. Kubin, M., et al., **ULBP1, 2, 3: novas moléculas relacionadas com o MHC de classe I que se ligam à glicoproteína UL16 do citomegalovírus humano e activam as células NK**. *Eur J Immunol*, 2001. 31(5): p. 1428-37.

98. Cerboni, C., et al., **Detuning CD8+ T lymphocytes by down-regulation of the activating recetor NKG2D: role of NKG2D ligands released by activated T cells**. *Blood*, 2009. 113(13): p. 2955-64.

99. Spear, P., et al., **Ligandos NKG2D como alvos terapêuticos**. *Cancer Immun*, 2013. 13: p. 8.

100. Gonzalez, S., et al., **NKG2D ligands: key targets of the immune response**. *Trends Immunol*, 2008. 29(8): p. 397-403.

101. Zingoni, A., et al., **NKG2D e DNAM-1 activating receptors and their ligands in NK-T cell interactions: role in the NK cell-mediated negative regulation of T cell responses**. *Front Immunol*, 2012. 3: p. 408.

102. Nowbakht, P., et al., **Ligands for natural killer cell-activating receptors are expressed upon the maturation of normal myelomonocytic cells but at low levels in acute myeloid leukemias**. *Blood*, 2005. 105(9): p. 3615-22.

103. Cerboni, C., et al., **Antigen-activated human T lymphocytes express cellsurface NKG2D ligands via an ATM/ATR-dependent mechanism and become susceptible to autologous NK-cell lysis**. *Blood*, 2007. 110(2): p. 60615.

104. Hamerman, J.A., K. Ogasawara, e L.L. Lanier, **Cutting edge: A sinalização de receptores do tipo Toll em macrófagos induz ligandos para o recetor NKG2D**. *J Immunol*, 2004. 172(4): p. 2001-5.

105. Qiao, Y., B. Liu e Z. Li, **Ativação de células NK pela proteína extracelular de choque térmico 70 através da indução de ligandos NKG2D em células dendríticas**. *Cancer Immun*,

2008. 8: p. 12.

106. Crome, S.Q., et al., **Natural killer cells regulate diverse T cell responses**. *Trends Immunol*, 2013. 34(7): p. 342-9.

107. Green, M.R., et al., **Natural killer cell activity in families of patients with systemic lupus erythematosus: demonstration of a killing defect in patients**. *Clin Exp Immunol*, 2005. 141(1): p. 165-73.

108. Hervier, B., et al., **Phenotype and function of natural killer cells in systemic lupus erythematosus: excess interferon-gamma production in patients with active disease**. *Arthritis Rheum*, 2011. 63(6): p. 1698-706.

109. Park, Y.W., et al., **Diferenciação prejudicada e citotoxicidade das células assassinas naturais no lúpus eritematoso sistémico**. *Arthritis Rheum*, 2009. 60(6): p. 175363.

110. Wu, J., et al., **A novel polymorphism of FcgammaRIIIa (CD16) alters recetor function and predisposes to autoimmune disease**. *J Clin Invest*, 1997. 100(5): p. 1059-70.

111. Li, W.X., et al., **Ensaio de subconjuntos de células T e NK e a expressão de NKG2A e NKG2D em doentes com lúpus eritematoso sistémico de início recente**. *Clin Rheumatol*, 2010. 29(3): p. 315-23.

112. Puxeddu, I., et al., **Expressão da superfície celular de receptores e coreceptores de ativação em células NK do sangue periférico em doenças auto-imunes sistémicas**. *Scand J Rheumatol*, 2012. 41(4): p. 298-304.

113. Schepis, D., et al., **Aumento da proporção de células assassinas naturais CD56bright no lúpus eritematoso sistémico ativo e inativo**. *Immunology*, 2009. 126(1): p. 140-6.

114. Toyabe, S., U. Kaneko, and M. Uchiyama, **Decreased DAP12 expression in natural killer lymphocytes from patients with systemic lupus erythematosus is associated with increased transcript mutations**. *J Autoimmun*, 2004. 23(4): p. 371-8.

115. Henriques, A., et al., **Disfunção das células NK no lúpus eritematoso sistémico: relação com a atividade da doença**. *Clin Rheumatol*, 2013. 32(6): p. 805-13.

116. Ohtsuka, K., et al., **Diminuição da produção de TGF-beta por linfócitos de doentes com lúpus eritematoso sistémico**. *J Immunol*, 1998. 160(5): p. 2539-45.

117. Espinoza J.L., et al., **Human microRNA-1245 down-regulates the NKG2D recetor in natural killer cells and impairs NKG2D-mediated functions.** *Haematologica*, 2012 97(9): p. 1295-303.

118. Stern-Ginossar N., et al., **Host immune system gene targeting by a viral miRNA.** *Science*, 2007 317(5836): p. 376-81.

119. Eissmann, P., et al., **Multiple mechanisms downstream of TLR-4 stimulation allow expression of NKG2D ligands to facilitate macrophage/NK cell crosstalk**. *J Immunol*, 2010. 184(12): p. 6901-9.

120. Tsukerman P., et al., **MiR-10b Downregulates the Stress-Induced Cell Surface Molecule MICB, a Critical Ligand for Cancer Cell Recognition by Natural Killer Cells.**

. *Cancer Res*, 2012 72(21): p. 1-10.

121. Heinemann A., et al., **Tumor suppressive microRNAs miR-34a/c controlam a expressão celular cancerígena de ULBP2, um ligando induzido pelo stress do recetor de células assassinas naturais NKG2D.** *Cancer Res.* , 2012 Jan 15. 72(2): p. 460-71.

122. Kim, T.D., et al., **Human microRNA-27a* targets Prf1 and GzmB expression to regulate NK-cell cytotoxicity**. *Blood*, 2011. 118(20): p. 547686.

123. Leong, J.W., R.P. Sullivan, e T.A. Fehniger, **Natural killer cell regulation by microRNAs in health and disease**. *J Biomed Biotechnol*, 2012. 2012: p. 632329.

124. Amarilyo, G. e A. La Cava, **miRNA no lúpus eritematoso sistémico**. *Clin Immunol*, 2012. 144(1): p. 26-31.

125. He, L. e G.J. Hannon, **MicroRNAs: small RNAs with a big role in gene regulation**. *Nat Rev Genet*, 2004. 5(7): p. 522-31.

126. Friedman, R.C., et al., **A maioria dos mRNAs de mamíferos são alvos conservados de microRNAs**. *Genome Res*, 2009. 19(1): p. 92-105.

127. Miao, C.G., et al., **O papel emergente dos microRNAs na patogénese do lúpus eritematoso sistémico**. *Cell Signal*, 2013. 25(9): p. 1828-36.

128. Winter, J., et al., **Many roads to maturity: microRNA biogenesis pathways and their regulation**. *Nat Cell Biol*, 2009. 11(3): p. 228-34.

129. Shukla, G.C., J. Singh e S. Barik, **MicroRNAs: Processing, Maturation, Target Recognition and Regulatory Functions**. *Mol Cell Pharmacol*, 2011. 3(3): p. 83-92.

130. Vasudevan, S., Y. Tong, e J.A. Steitz, **Switching from repression to activation: microRNAs can up-regulate translation**. *Science*, 2007.

318(5858): p. 1931-4.

131. Koch, J., et al., **Ativação dos receptores de citotoxicidade natural das células assassinas**

naturais no cancro e na infeção. *Trends Immunol*, 2013. 34(4): p. 182-91.

132. Ling, H., M. Fabbri, e G.A. Calin, **MicroRNAs e outros RNAs não codificantes como alvos para o desenvolvimento de medicamentos anticancerígenos**. *Nat Rev Drug Discov*, 2013. 12(11): p. 847-65.

133. Garchow, B.G., et al., **O silenciamento do microRNA-21 in vivo melhora a esplenomegalia autoimune em ratinhos lúpicos**. *EMBO Mol Med*, 2011. 3(10): p. 605-15.

134. Pan, W., et al., **MicroRNA-21 e microRNA-148a contribuem para a hipometilação do ADN nas células T CD4+ do lúpus, visando direta e indiretamente a DNA metiltransferase 1**. *J Immunol*, 2010. 184(12): p. 6773-81.

135. Stagakis, E., et al., **Identification of novel microRNA signatures linked to human lupus disease activity and pathogenesis: miR-21 regulates aberrant T cell responses through regulation of PDCD4 expression**. *Ann Rheum Dis*, 2011. 70(8): p. 1496-506.

136. Zhao, S., et al., **MicroRNA-126 regula a metilação do ADN em células T CD4+ e contribui para o lúpus eritematoso sistémico ao visar a ADN metiltransferase 1**. *Arthritis Rheum*, 2011. 63(5): p. 1376-86.

137. Ma, X. e Q. Liu, **MicroRNAs na patogénese do lúpus eritematoso sistémico**. *Int J Rheum Dis*, 2013. 16(2): p. 115-21.

138. Qin, H., et al., **O MicroRNA-29b contribui para a hipometilação do ADN das células T CD4+ no lúpus eritematoso sistémico, visando indiretamente a ADN metiltransferase 1**. *J Dermatol Sci*, 2013. 69(1): p. 61-7.

139. Tang, Y., et al., **MicroRNA-146A contribui para a ativação anormal da via do interferão de tipo I no lúpus humano, visando as principais proteínas de sinalização**. *Arthritis Rheum*, 2009. 60(4): p. 1065-75.

140. Zhao, X., et al., **O MicroRNA-125a contribui para níveis elevados de quimiocina inflamatória RANTES através da segmentação de KLF13 no lúpus eritematoso sistémico**. *Arthritis Rheum*, 2010. 62(11): p. 3425-35.

141. Fan, W., et al., **Identification of microRNA-31 as a novel regulator contributing to impaired interleukin-2 production in T cells from patients with systemic lupus erythematosus**. *Arthritis Rheum*, 2012. 64(11): p. 371525.

142. Divekar, A.A., et al., **Dicer insufficiency and microRNA-155 overexpression in lupus regulatory T cells: an apparent paradox in the setting of an inflammatory milieu**. *J Immunol*, 2011. 186(2): p. 924-30.

143. Liu, Y., et al., **MicroRNA-30a promove a hiperatividade das células B em doentes com lúpus eritematoso sistémico através da interação direta com Lyn**. *Arthritis Rheum*, 2013. 65(6): p. 1603-11.

144. Ding, S., et al., **A diminuição da expressão do microRNA-142-3p/5p provoca a ativação das células T CD4+ e a hiperestimulação das células B no lúpus eritematoso sistémico**. *Arthritis Rheum*, 2012. 64(9): p. 2953-63.

145. Lashine, Y.A., et al., **Expression signature of microRNA-181-a reveals its crucial role in the pathogenesis of paediatric systemic lupus erythematosus**. *Clin Exp Rheumatol*, 2011. 29(2): p. 351-7.

146. Aboelenein, H.R., et al., **Dual downregulation of microRNA 17-5p and E2F1 transcriptional fator in pediatric systemic lupus erythematosus patients**. *Rheumatol Int*, 2013. 33(5): p. 1333-8.

147. Van Belle, T.L. e M.G. von Herrath, **O papel do recetor de ativação NKG2D na autoimunidade**. *Mol Immunol*, 2009. 47(1): p. 8-11.

148. Wu, L., C. Zhang e J. Zhang, **HMBOX1 regula negativamente as funções das células NK através da supressão da via de sinalização NKG2D/DAP10**. *Cell Mol Immunol*, 2011. 8(5): p. 433-40.

149. Stern-Ginossar, N. e O. Mandelboim, **Uma visão integrada da regulação dos ligandos NKG2D**. *Immunology*, 2009. 128(1): p. 1-6.

Printed by Books on Demand GmbH, Norderstedt / Germany